金商道

The positive thinker sees the invisible, feels the intangible, and achieves the impossible.

惟正向思考者，能察於未見，感於無形，達於人所不能。 —— 佚名

商業造神

PHIL ROSENZWEIG

光環效應如何打造超完美企業神話？
破解九大假象，有效思考績效、策略及轉型真相

THE HALO EFFECT

...and the Eight Other Business Delusions That Deceive Managers

菲爾・羅森維格 Phil Rosenzweig——著　徐紹敏、吳宜蓁——譯

——推薦序——

尋找商業世界的真理

朱文儀——台灣大學工商管理學系暨商學研究所教授

知名哲學家休謨（David Hume）曾說：「思辨的推理家們付出了那麼多痛苦，卻常常由俗人不假思索地形成。」在當代競爭激烈的商業環境中，企業想賺取利潤追求成功，卻苦無簡單明確的公式可循，於是產生了對管理理論的龐大需求。過去數十年，全球商管學院、學者、大師、顧問、暢銷書籍、財經媒體等，無一不想找出所謂的永續獲利方程式，造就了蓬勃發展的管理知識產業。

說到底，管理理論不外乎以個案研究、調查統計等方式，歸納特定期間內所謂成功企業的行事之道，試圖找出可供遵循的普遍原則。這往往給了企業一個幻覺：只要按圖索驥，就可以產生同樣的成功。不幸的是，正如大多數社會科學一樣，管理學並不具備物理學的特性，因果與函數關係並非絕對。因此，當管理學以「物理崇拜」之姿，對企業提供錦囊妙計時，與其一股腦地照單全收，我們又該如何慎思明辨、避免幻覺呢？

本書以外科手術般的精準細膩推論，透過知名商業案例（如樂高玩具、思科、微軟），以及耳熟能詳的管理暢銷書（如《追求卓越》、《基業長青》、《從A到$^{+}$A》），從中點評，尤其側重於方法論與因果關係的陷阱，幫助讀者重新思索，建立正確的判斷準則。貫穿全書的九大管理假象，其中最核心當屬「光環效應」：**人們傾向於根據既成事實的績效好壞，在先入為主的印象中，推論公司與經理人所具備的特質，過度放大贏家的所作所為，以至錯誤歸因無處不在**。

正如源自聖經的「馬太效應」一樣，成功企業與知名經理人所累積的聲譽效果，往往讓人對其行為的解讀過度美化，甚至把不具因果關係的特質解讀為成功的關鍵因素，產生虛假的光環效應。

說到底，讓人們愈來愈偏離事實真相的，往往是隱身人性背後的幽微因素。我們渴望生活在一個合情合理、可預測的世界，也把自己投射在偉大故事中以尋求救贖。而暢銷商管理論，恰如其分提供了這兩項元素，以說故事的精彩方式把大時代的商業競爭描述得合情合理。提供高度簡化的行動方針、朗朗上口的決策準則，讓經理人對未來充滿信心，生起帶領整個組織在管理曠野中，尋找應許之地的勇氣。

自古以來，人們抬頭仰望星空，試圖為點點繁星找出規律，並賦予故事、神話與傳說。

因此，在東方，人們看到的是牛郎織女星，而在西方則產生了天鵝座。人們解讀世界的方式各自不同，但追尋真理的初衷一致。本書提醒我們休謨那顛撲不破的名言——規範性的命題，不可能基於純粹的事實性陳述而獲得理由。但可嘆的是，尋找真理的漫長旅程中，人們往往會變得愈來愈迷信。

—推薦序—

好故事不等於好投資

許繼元｜Mr. Market 市場先生、財經作家

看到本書內容時，我心裡想的是：總算看到一本書來談論這件事了。

在二〇〇〇年左右，有本非常暢銷的書籍叫做《從A到$^{+}$A》，作者詹姆・柯林斯（Jim Collins），也是另一本名著《基業長青》的作者。書中講述了作者透過一系列的資料研究分析與統計，最終找到了幾個因素，說明企業為什麼「卓越」的原因。同時，作者列出幾間它認為具有「卓越」特質的企業清單，這些企業在股價表現上也大幅領先其他企業數倍。

這是多麼令人振奮的結論？當年無論股東或經理人，看到這本書都趨之若鶩，因為這代表做對某些事後，有可能帶來美好的成果與股價，意味著資產倍增或者經理人薪酬翻倍。

所幸我翻閱書籍的時間是十年前，當時一看作者推薦的「卓越企業清單」，發現上面有著當年不久前金融風暴核心之一的房利美公司（Fannie Mae），也列出當時早已倒閉的電路

城公司（Circuit City）等，這些企業如今再看完全跟卓越沾不上邊。

實際上，細看那些書藉的內容陳述與歸因都非常合理、研究數據資料也非常充足，讓人感受到它的嚴謹；即便挑選出的企業有問題，它仍無疑地是本很有幫助的好書。但為何這些經過嚴謹研究挑出的「卓越企業」，幾年後不但經不起考驗，還比地雷股更糟？這反差讓我感到很疑惑，而且幾乎沒有看到有人對這推論提出質疑。

這現象不只出現在如此出名的暢銷書上，其實許多報導、採訪、分析研究，在談到一些**當下**表現良好的企業時，也是吹捧著專業經理人的人格特質、領導力、執行力等因素，而這些專業經理人或創業家的故事，便如同「造神」一般廣為流傳。這些原因真的是帶來企業成功的關鍵嗎？複製這些關鍵能力，就能帶來成功嗎？

本書作者告訴你：並非如此。

作者詳細說明了為什麼公司營運好壞，很難歸因於經理人的能力以及一些常見的歸因。那些美好理論的故事可讀性，其實遠遠高於它的科學性。這背後來自於許多認知上的偏差，以及錯誤的歸因。

最大的問題本質在於，**人們總是不願意承認自己所知有限，卻又期待合理的解釋**。而有需求就有供給，總有人會提供人們看似合理的解釋，而那些報導、評論卻往往充斥著錯誤。一個常見的錯誤在於我們常常關注那些成長最多的知名企業，並擅自認為他們說的、做的都是正確的，人們也會隨意為這些成功者冠上各種成功原因的分析，實際上都只是結果論。

事實上，商業的結果在許多情況下原本就不科學，或難以用科學方式驗證，對一些抽象的問題（例如領導力、執行力），你很難取得高品質的資料樣本。尤其當一些研究資料又引用許多報導、採訪評論時，原始資料品質本身就很有問題。

現實商場中，企業的營運原本就充滿不確定性，因為世界是動態的，你的競爭對手、上下游、客戶，甚至外部環境，包含經濟、意外事件、科技突破進展，這些並不會全部按照事先計畫好的方向去變動。

無論對於企業的成長或投資，我們時常需要找到一些關鍵因素，幫助我們做出分析與決策。然而，確認某項優勢能帶給企業永續成長，這並非歷史的常態；在更長的時間尺度下，**短暫的成功與不確定性才是歷史真正的常態**。只不過，人們並不喜歡聽到這種無趣的答案，人們更喜歡聽跌宕起伏、谷底反攻的故事。

對個人而言，我認為調整自己的心態，不再一味追求故事性的因果推論，而是追求更嚴謹的統計結果，並接受不確定性、接受失敗和判斷錯誤必定存在，才是真正對我們做出理性判斷更有幫助的事。

閱讀本書後，相信能夠幫助你更加理性的解讀各種資訊。

—推薦序—

見山又是山！企業經營的當頭棒喝

趙胤丞—《拆解問題的技術》作者、企管講師

讀《商業造神》這本書很有意思，仔細咀嚼後，對我有很深的思維衝擊。每次讀的心理歷程、感受，會隨著閱讀次數而有些許變化：

- ◆第一次：震驚自己也將商業經典書籍奉為圭臬，但發現經常是以管窺天。
- ◆第二次：震驚衰退，開始聚焦在方法論上研究，或許好像有這麼一回事。
- ◆第三次：也將這本書列為參考書，比對正反兩方意見，健全我個人思維。

我也經歷《商業造神》裡所說，公司登峰造極的時刻，更曾見證公司從輝煌走向平凡。這總讓我想起清代戲曲作家孔尚任在《桃花扇》中的一段話：「眼看他起朱樓，眼看他宴賓

客，眼看他樓塌了。」若把一切都歸咎於沒有專注本業、忽略眾多風險是很簡單，但本質真是如此嗎？我不知道，僅能從相關報導中拼湊出一個模糊樣貌。畢竟，我們時間極為有限。但可透過閱讀他人撰寫的文章，取得相關資訊當作一種提醒，看看自己是否偏離主軸。

常看到報導寫著「典範轉移」（Paradigm Shift），來說明該企業墜崖殞落或是第二曲線更加茁壯的原因，然後就將這些新概念直接套到企業中，我覺得這樣做其實相當危險。策略也是一種豪賭！為什麼呢？因為，我們無法預測策略選擇的最終結果，所以策略必然有風險存在。我們也不知道這樣是否可行，但透過沙盤推演的動態策略模擬，可以在有限資訊中，推論出相對樂觀與相對悲觀的衝擊結果。然後從這些結果中構思配套措施，讓專案得以朝向相對樂觀的結果前進、避免靠攏相對悲觀的結果。

如同《商業造神》所說，領導人的任務，便是**蒐集正確的資訊後仔細評估，衡量現有的競爭環境，做出帶有風險、但最有成功把握的決定**。我認為「做勝算大的事」與「不傷根，不傷身」，就是相對應的權變準則。畢竟，過去成功並無法保證未來利潤，若客戶已經改變，我們也須重塑自己。

我觀察到很多人都期待「絕招」誕生（像是近期流行的ＯＫＲ），彷彿只要學會，一切就都完全改觀，但是否推行ＯＫＲ也要仔細評估是否適合自己所屬企業，並非強行推動。失敗時就說是大家不願意配合，最終流於形式，然後繼續不斷跟風最新管理名詞。我覺得《商業造神》這本書有很好的提醒效果。

讀完這本書，我的體悟是：**經營企業，一切都要回歸本質，需要足夠的能力拆解絢麗理論架構與海量資訊意見，背後的基本運作思維才會顯現**。也就是仔細把握兩種力：「規畫力」+「執行力」。如同書中所說，或許沒有公式可以保證高績效，但有兩種方法可以提高成功的機會：明智的選擇與嚴格的執行，不只是從績效中推斷，而是要從績效本身來衡量。做到這些事情，就能增加成功的機會。

誠摯推薦《商業造神》。

目錄

—中文版序—

提高你的勝算

基於個人和專業的理由，我很榮幸有機會為中文版的台灣讀者寫這篇序言。就個人來說，幾年前曾經學習中文，有幸認識中文和體會中華文化的優美。雖然，此時我的中文能力有限，閱讀中文版力有未逮，但很高興我的書有中文版問世。我曾經到過台灣，有著愉快難忘的經驗，也特別高興和台灣友人分享我的看法。

從專業的觀點而言，我很高興台灣讀者能夠看到這本書，因為我相信，尤其在經濟快速成長的年代，《商業造神》一書會傳遞給經理人和商學院學生重要的訊息。近幾年來，企業經理人和研究人員千方百計尋找企業成功之鑰，這種好奇心是本性，而且無可厚非。但是，誠如書中所言，坊間大部分暢銷熱賣的商管書都有嚴重的謬誤。每一本書都宣稱引用龐大的數據資料，經過縝密嚴謹的研究，不過大費周章蒐集的卻是偏頗的資料，而且結論欠缺周延，難以讓人信服。他們宣稱這是紮實科學研究的產物，但卻流於說故事的形式；所提供可預測結果的必勝公式，也都只是撫慰人心的迷思。

經理人不應該全盤接受這些暢銷商管書的內容，必須培養獨立思考的能力，對於內容要多一些批判懷疑的精神。事實上，企業不可能單憑幾個簡單的步驟就邁向成功。成功是決策的結果，但決策充滿不確定性，而且帶有風險。**經理人的任務不是遵循公式行事，而是蒐集資料，判斷並下決策**。雖然這不是成功的保證，但至少可以提高勝算。

如果《商業造神》書中的觀念可以匡正時下商場上瀰漫的各種錯覺，幫助讀者正確批判所讀的內容，提出尖銳的質疑和獨立思考，就達到本書的目的了。

期待《商業造神》能帶給各位閱讀的樂趣，並發現其中的觀念有所助益。

敬祝各位事業成功，諸事順利。

—增訂版序—

管理者必備——批判性思考能力

自從《商業造神》在美國首次出版以來，很多事情都改變了。即便如此，本書主題——充斥在商業世界中的錯覺和錯誤，讓我們誤解公司業績的本質，這一點還是一如既往。也許還更甚以往。正如約翰．凱（John Kay）在英國《金融時報》（*Financial Times*）中發表的：「光環效應的力量意味著，當事情進展順利時，讚美會滿溢到表現的各個層面，但當命運之輪轉了向，反面的評價也同樣廣泛。我們追求過於簡單的解釋，渴望找到偉大的人物和優秀的公司，反而會阻礙複雜的事實。」

《商業造神》在許多領域都受到管理者的歡迎，從價值投資到安全工程，從精益製造到風險分析，從審計到製藥研究。這些領域有什麼共同之處？每一個都需要從有效的資料中得出合理的結論。學者們也很欣賞書中論述，他們用它來幫助學生們批判性地思考企業表現，並進行健全合理的研究。令我欣慰的是，《商業造神》也引起許多其他國家讀者的共鳴。雖然書中的例子大多是美國的，但這個概念在世界各地都產生了共鳴，其中有三個國家值得特別提及：英國、中國和印度。

在英國版中，他們請我尋找光環效應在英國公司中的例子。我並沒有費太多功夫，二〇〇五年，《今日管理》（*Management Today*）雜誌進行「最受讚賞的英國公司」調查中，英國最著名的零售商馬莎百貨（Marks & Spencer），在二百二十家公司中排名第一百二十七位，表現相當平庸。但後來，隨著執行長斯圖爾特．羅斯（Stuart Rose）的策略發揮效用後，業績便開始改善。到了二〇〇七年，馬莎百貨登上榜首，被譽為英國最受讚賞的公司。該公司不僅在總體得分上得分最高，而且在九個類別中，有五個得分也都是最高的：商品和服務品質、行銷品質、企業資產使用、作為長期投資的價值，以及吸引、培養和留住人才的能力。在管理品質（排名第二）、財務穩健度（第二）、社區和環境責任（第二），和創新能力（第三）四個類別中，也都排在前三名。在《今日管理》的九個管理類別中，它每一項都在前三名。

難道馬莎百貨在九個不同類別中，真的每一項都名列前茅嗎？這似乎好得令人難以置信，遺憾的是，事實的確不是如此。馬莎百貨在《今日管理》調查中獲得的成功，就是一個很好的例子，說明本書描述的核心現象。當馬莎百貨公布出色的銷售成績和利潤時，其光環幾乎擴及它所做的一切。觀察者們對馬莎百貨的強勁表現留下了深刻印象，於是推斷馬莎百貨必定是創新的，管理必定是出色的，行銷也必定非常傑出……以此類推。儘管《今日管理》聲稱此調查經過嚴格審查，訪問了數千名管理者，但他們依據的並不是這些類別的客觀衡量標準，而是只詢問大概的看法，而這些看法幾乎不可避免地受到財務表現的強烈影響。

毫不令人意外地，當馬莎百貨於次年表現不佳時，它很快就在幾乎所有同樣的衡量標準中，跌出了前幾名。沒有客觀的衡量標準和有效的資料，這項調查結果只不過是偽裝成科學研究、讓人感覺良好的故事而已。

當然，對於這龐大的樣本量和看起來很精確的統計資料（馬莎百貨的得分是七六．三三，計算到小數點後兩位），大多數讀者都感到印象深刻，但他們無法指出哪裡出了問題。他們被我所謂的「嚴謹研究的錯覺」所迷惑，也就是本書所描述的第五種錯覺。聰明的讀者不應該被愚弄，他們應該意識到，像這樣的研究雖然提到九個類別，但實際上都是同一個基本觀點，只是以九種不同的方式表達，這可是完全不同的概念！

在半個地球以外的中國，光環效應同樣蓬勃發展。我的中國同事講了很多故事給我聽，他說成功企業在飛速發展的幾年裡得到了大量讚揚，但當這些公司業績不佳時，大眾又毫不留情地對這些公司感到憤怒。在順遂之際，名譽被過度誇大，然後又被同樣的激情摧毀。

對《商業造神》最具啟發性的回應來自印度，印度最大的私人銀行——印度工業信貸投資銀行（ICICI Bank）聯絡了我。ICICI 銀行在過去十年發展迅速，使得商業媒體出現許多讚美的文章。印度的記者們，就像世界各地的所有記者一樣，迅速地大肆讚揚。該銀行的幾位高階主管有充分的理由感到擔憂，正如其中一位向我解釋的那樣：「我們不介意他人給我們戴上光環，但我們絕不想被自己的成功所愚弄。我們必須弄清楚是什麼讓我們成功，並努力做得更好。」ICICI 銀行的領導階層，希望關注金融機構業績的真正驅動因素，而不是僅僅因為整體業績強勁，就推斷自己在執行或客戶服務方面都表現很好，他們**不想被自己成功的光環所迷惑**。

故事並沒有就此結束。二〇〇九年，在銀行業遭遇急劇下滑之後，包括 ICICI 銀行在內的幾家印度大型銀行都受到批評。正如公司高階主管們普遍理解的那樣，在經濟繁榮時期，不要被過分的讚揚所蒙蔽，這一點非常重要；然而在面臨經濟低迷的時期，不要把批評放在心上，也是同樣重要的。儘管資本市場動盪不安，投資者的反應反覆無常，ICICI 銀行的基本商業模式依然穩健。觀察者們總是會再次根據當前表現，迅速地做出極端的歸因，無論是好的還是不好的。正如巴菲特（Warren E. Buffett）所觀察到的投資者行為，股市在兩種走向時會有過度波動的趨勢，就是在高點和低點時。

ICICI 銀行執行階層的清晰思維讓我相當佩服，其他許多公司的管理者態度同樣令我滿意。我很欣賞他們渴望理解真正驅動業績的因素，而不是被海市蜃樓蒙蔽。然而，還有很長的路要走。商業世界中，我們持續讀到和聽到的很多東西，還是充滿錯誤。光環效應的例子經常出現在商業報刊、學術研究、知名顧問公司研究，以及每年新出版的商業書籍中。雖然他們都聲稱進行嚴格的研究，甚至標榜科學方法，但他們所使用的變數往往與想要解釋的事物無關。

事實上，自從《商業造神》出版以來，又出現了幾本書聲稱揭示了高績效的祕密。其中一本針對的是初創企業，就像是創業者版本的《從A到$^{+}$A》（*Good to Great*）。另一本研究的是歐洲公司，是歐洲大陸版本的《基業長青》（*Built to Last*）。還有一本則把高績效的問題反過來問，是什麼導致成功公司走向失敗。由於人們依然很喜歡簡單的解決方案，所以這類型的書還是存在，而且頗受歡迎。大部分這類書籍都犯了本書揭示的錯誤：如果你根據結果（不管是成功還是失敗）來選擇公司案例，然後根據這些結果蒐集有偏見的資料，你永遠不會知道是什麼讓業績上漲的，你只會知道如何描述高績效員工和低績效員工。

在第一版（同二〇〇七年版本）的第十章後面，我又增加了兩章。第十一章〈貪婪與經濟大衰退〉，著眼於自本書出版以來最重要的經濟事件，即二〇〇八到二〇〇九年的金融危機。人們不再給高績效者光環，而是提出一個相反的問題：是什麼導致它們失敗？一個常見的解釋是貪婪。我們將會看到，無論這個解釋多麼令人欣慰，它實際上只是光環效應的又一個例子。面對任何失敗，我們都可以把矛頭指向貪婪。當然，這能構成一個很動人的故事，但並沒有教導我們最重要的東西。第十二章〈成功沒有公式，但有方法？〉，把故事帶回目前最新的發展，讓我們再次看看二〇〇七年版本中所介紹的一些人物和公司。我們將觀察它們的表現，並從目前的狀態中尋找光環效應的證據。

最後再提一下，有許多讀者問：為什麼二〇〇七年版對安隆（Enron）或其他企業違法行為的描述如此之少。這是個好問題，因為安隆就是光環效應的典型例子。儘管安隆的收入和利潤增幅創下紀錄，但從其企業文化、創新的金融工程，到富有遠見的領導層，安隆的一切都受到了高度讚揚。

在美國管理顧問蓋瑞．哈默爾（Gary Hamel）二〇〇〇年出版的《啟動革命》（*Leading the Revolution*）一書中，安隆是創新的典範。二〇〇一年公司倒閉時，這本書的內容讓人有些尷尬，於是快速進行了修訂，於二〇〇二年再版。在哈佛商學院也是一樣，對於安隆的創造力和創新商業模式的溢美之詞，被寫進了哈佛商學院的教材，但隨著安隆倒閉，這些案例研究便從哈佛商學院的教材中消失，取而代之的，是關於腐敗和領導誤入歧途的警示性案例研究。馬都跑掉了才要把籬笆門關上，這些都是事後諸葛，即使哈佛商學院也是如此。

為什麼本書很少提到安隆？因為安隆從事犯罪行為，這會分散書中要強調的主要教訓。我的觀點比較根本：**人們會很自然地根據整體印象做出推論**。這樣做似乎完全合乎邏輯，它使得故事連貫，幫助我們理解周圍世界。然而，**當我們讓整體印象影響思維時，就會陷入偏**

煩。在光環效應中，沒有必要讓犯罪行為來影響我們。一旦根據結果選擇例子，然後根據這些總體結果做出推論，就是在自找麻煩。

我的目標，無論現在還是本書剛出版時，都是一樣——幫助管理者獨立思考，讓他們看透在商業界中經常被當作知識的低劣推理和花招。《商業造神》旨在幫助管理者培養批判性思考能力，讓他們更善於掌握商業中更加複雜的事實。

如果你已經準備好提高自我能力，並保護自己不受所謂專家的蠱惑，這本書就是為你準備的。

—前言—

打造企業高績效，真有靈丹妙藥？

這本書談的是經營與管理、成功和失敗、科學和故事。目的是幫助經理人培養獨立思考的能力，不要輕信管理專家顧問、知名執行長的長篇大論和預知能力，並提供經理人獨立思考的指南和去蕪存菁的方法。

市面上商管書籍琳琅滿目，有的揭露成功之鑰，有的提供主宰市場的必勝公式，還有保證成功的六大步驟，經理人不愁沒有選擇。況且，每年都有新書問世，有的宣稱發現像奇異電氣（GE）、豐田汽車（Toyota）、星巴克咖啡（Starbucks）和Google等頂尖企業的成功祕密：「經理人要學習成功竅門，應用到自己的公司！」有的書籍則描述頂尖企業的領導人，像是麥可．戴爾（Michael Dell）、傑克．威爾許（Jack Welch）、史帝夫．賈柏斯（Steve Jobs）或是查理．布蘭森（Richard Branson）：「經理人要找出這些人的成功特質，有樣學樣！」有的則教導企業如何成為創新的溫床，或是訂定萬無一失的策略、規畫可長可久的組織架構，或是擺脫競爭者的糾纏：「這是打敗對手的妙方！」

實際上，儘管有這些必勝祕訣和方程式，以及傑出的領導力，企業的成功依然捉摸不定。由於全球化競爭和科技進步一日千里，成功變得更難以預測，所以本書開宗明義，對於所謂突破性的祕訣、妙招持保留看法。面對無情的競爭環境，我們無奈地求助靈丹妙藥。

在這熱絡的商管書籍市場，作者和讀者完全是各取所需，互蒙其利。經理人平日奔波操勞，壓力繁重，必須提升業績，增加利潤和追求更高的股東報酬率。自然而然會尋找速成的捷徑偏方，以求立即套用並超越對手。撰寫這些書籍的學者專家、顧問和策略大師，也樂此不疲。需求創造供給，供給滿足迫切的需求。如此周而復始。

這種現象除了反映經理人的怠惰或作者的貪婪之外，還有其他值得觀察之處。許多有志之士，處心積慮找出企業成功之道。如果迄今依然一無所獲，我們應該問問：為什麼讓企業擁有高績效的動因如此難尋？為什麼這些學者專家，即使千辛萬苦蒐集幾千家企業長達數年的龐大資料，仍然找不到具體答案？是不是我們的問題設定，或是尋找答案的方法，反而使我們離真相愈來愈遠？

本書的重點在於，指出我們的經營思考經常會有一些迷思。研究有關企管和經濟學迷思的書籍不在少數，像查爾斯．麥凱（Charles Mackey）一八四一年的經典之作《異常流行幻象與群眾瘋狂》（*Extraordinary Popular Delusions and the Madness of Crowds*），記述群眾盲從判斷的一些蠢事，從荷蘭的鬱金香狂熱到投機泡沫等。最近一些心理學家的研究指出，先入為主的觀念，會影響一個人在不確定情況下的判斷。

本書談的是另一種迷思，一些會扭曲我們對企業績效認知的「錯覺」，而無法真正了解企業成敗的動因。坊間的商管書籍瀰漫這類錯誤思考，不論是知名雜誌、學術期刊或管理暢銷書都無一倖免。錯覺蒙蔽我們清晰的思考能力，無法找出企業成功的真相。

企業成功真相？九大經營錯覺

商業假象一：光環效應

我們習慣觀察企業的整體績效之後，再論斷企業的文化、領導力和價值觀等。事實上，我們時常宣稱能驅動企業績效的動因，只是根據先前績效歸納得到的特質。

商業假象二：相關性和因果關係的錯覺

兩件事情也許有相關性，但我們常無法判斷前後因果關係。滿意的員工會提高企業績效？證據顯示因果倒置，也就是成功企業可以提升員工的滿意度。

商業假象三：單一解釋的錯覺

許多研究顯示，像是強健的企業文化、顧客導向或傑出的領導統御等單一因素，可以提高績效。但這當中許多因素彼此環環相扣且高度相關，所以個別因素的影響力，其實遠低於研究所證明。

商業假象四：按圖索驥的錯覺

如果挑選一群成功企業尋找其共同點，將永遠無法找出成功的原因，因為沒有同時和略遜一籌的企業進行比較。

商業假象五：嚴謹研究的錯覺

只要資料品質有瑕疵，即使有堆積如山的資料，費盡千辛萬苦研究，也是白忙一場。

商業假象六：永續成功的錯覺

幾乎所有高績效的企業都會隨著時間而衰退。所謂長期成功的藍圖固然很吸引人，卻很不切實際。

商業假象七：絕對績效的錯覺

企業績效是相對而不是絕對的觀念。企業本身可能提高績效，同時落後對手的距離卻逐漸擴大。

商業假象八：孤注一擲的錯覺

成功的企業也許是專注於一項策略，但並不表示專注一項策略就可以成功。

商業假象九：組織物理學的錯覺

企業績效並非依循自然界的恆常法則運轉，雖然我們渴望凡事有確定性和規律性，不過仍無法像科學般精準地預知結果。

錯覺兩個字是否過於危言聳聽？我倒認為恰如其分。我有一位老朋友，以一種比喻說明錯覺和幻覺的差異。當麥可．喬登（Michael Jordan）躍起灌籃時，彷彿有一剎那間停留空中靜止不動，這叫做「幻覺」，是視覺誤差。但要是你以為穿上一雙耐吉（Nike）球鞋，就可以像喬登一樣抓球灌籃，這叫做「錯覺」，是自欺欺人、不可能發生的事。本書描述的錯覺情境有些類似，那些書籍告訴我們，只要按表操課就能保證成功，這是大錯特錯的觀念。

其實，近年來一些暢銷熱賣的商管書，隱藏許多錯覺。儘管作者鄭重其事，宣稱採用科學的研究方式，長篇累牘說明嚴謹研究的過程，但基本上，內容還是停留在說故事的階段。雖然他們編撰激勵人心的故事，讓我們寬心、有安全感，但是立論根本站不住腳，全是在自欺欺人。

作家馬克．吐溫（Mark Twain）說過：「老是做對事情，會讓某些人感激，而激怒其他人。」我寫這本書的目的略有不同，既不是要別人感激，也沒有要激怒別人。只是希望引起廣泛討論，提升經營思考的層次。重點不是要經理人變得更聰明，商場上已經人才濟濟，不但精明、反應迅速，對現代管理觀念瞭若指掌。聰明經理人欠缺的是慎思明辨，反躬自省和分辨對錯的能力。這本書希望**提升經理人的思考能力**，能夠慎思明辨，凡事保持適度的懷疑，不要輕信簡單的方程式和速成妙方。

這種目標有什麼了不起？我在商場打滾超過二十五年，先在美國一家頂尖企業擔任經理人，後來是哈佛商學院教授，過去十年則在瑞士洛桑管理學院（ＩＭＤ）擔任教職，每天和各行各業的執行長一起工作。據我再三觀察，經理人和教授都在追尋簡單的答案，只不過有些答案明顯就是胡說八道，但他們還是執迷於速成偏方，不願意勞心動腦質疑和思考。

我不會告訴大家該思考什麼事情，而是要你獨立思考。也許你會從這本書得到一些啟示，那固然很好，但我更希望你能挑戰內容，而非全盤接受。我的偶像之一、前幾年過世的赫伯特・賽門（Herbert Simon）。賽門是人工智慧之父，以決策理論榮獲諾貝爾經濟學獎，從一九四〇年代到二〇〇一年去世之前，一直擔任卡內基美隆大學（Carnegie Mellon University）的教授。他在回憶錄《滿意人生》（*Models of My Life*，暫譯）中，描述一九六〇年代參加多次國外考察團，不但曠日廢時，而且成本高昂。根據這段經驗，他提出一套「旅遊定理」（Travel Theorem），內容如下：

> 一般美國成年人到國外旅遊（期間一年內）可以學習到的東西，其實只要到聖地亞哥公立圖書館就可以達到相同的效果，不但省時省錢，還更方便。

大眾的反應如何？賽門寫道：「我的旅遊定理成了眾矢之的。我忙著解釋，這無關旅遊的樂趣，純粹是就旅遊的學習效果而言。大家根本聽不進去，而且火冒三丈。他們認為我到處旅遊，憑什麼別人不能？等到大家冷靜下來，了解這套理論的真正用意之後，還是不斷批評。我花了好長一段時間才緩和大家的怒氣——通常沒有平息，只是稍微息怒而已。為什麼呢？因為他們認為何必和一個瘋子多費脣舌。」

我認為旅遊理論棒極了，不只因為同意賽門的看法，同時激發我思考，讓我捫心自問：這趟旅遊的目的是什麼？是為了享樂還是學習？如果是後者，那麼怎樣才是最好的學習方法？我能夠把時間與金錢作最有效的運用，蒐集唾手可得的資源，而不必千里迢迢繞著地球跑？不論你是否同意賽門的旅遊定理，那不是重點。重點是我們要經常自問，什麼情況下是對的，何時又是錯的，具有這種批判性的思考，便能獲益良多。

一般商管書籍總是開宗明義先問：是什麼帶來高績效？本書則採取另一種問法：**為什麼高績效那麼難以理解**？我的目的在於以冷僻的問題，揭露蒙蔽我們視線的一些錯覺。本書從第二到第八章指出，為什麼管理大師、顧問、學者和新聞記者經常犯錯，進而揭露圍繞在我們四周的錯覺，包括財經媒體、學術研究和暢銷書。但是，一旦除去對於企業根深柢固的錯覺，接下來怎麼辦？精明的經理人該做的第二件事是，**專注在驅動公司績效的要素，同時認知到商場瞬息萬變，充滿不確定性**。第九章到第十章則接續這些問題，建議經理人不要被錯覺蒙蔽，要以更慎思明辨的方式了解企業績效的成因，其中一點就是不要忽略機率的重要性。還好，商場上有幾位足以成為模範的經理人，第十章則簡單描述幾位傑出人物，作為學習的榜樣。

這道彩虹的盡頭有沒有藏著金礦？很難說，因人而異。以常人看來是空手而回，因為通篇找不到任何必勝的祕訣，也沒有保證只要遵守四項原則、五點計畫，或是六個步驟，成功便指日可待。我認為，慎思明辨、縝密周延是思考管理的較佳方式，總是強過市面上一些商管書常見的鬆散思考模式。

本書引用一位聰明睿智的物理學家，理查・費曼（Richard Feynman）的話。費曼曾說，許多領域為了自我膨脹，故意把事情弄得深奧難懂，似乎是知道的愈少，就愈希望以複雜艱深的術語故弄玄虛。不管是社會學、心理學、歷史或經濟學都有這種現象，商學也不例外。我推測，許多財經相關書籍故意寫的沉悶乏味，或許是想讓讀者以為作者無所不知，以及隱藏作者自己所知有限的窘境。對於特別自以為是的哲學家，費曼這樣說：

> 他們讓我著迷的不是哲學，而是自大和自滿。他們只是互相嘲弄！老是說：「我認為是這樣，但萊比錫認為是那樣，他也有精闢的見解。」好像他們已經對事情提出最好的解釋。

好吧，這本書是我提出最好的解釋，也是我的見解。

chapter 1

創造卓越績效！科學有答案？

我們知道的太少，還有很多等著去發掘……
誰在乎化學反應是什麼玩意兒？
當我倆雙脣相接，誰在乎這是純真的喜悅？

——〈所知有限〉（How Little We Know，詞：卡洛琳．李〔Carolyn Leigh〕；曲：菲利浦．史賓格〔Philip Springer〕）

樂高公司（Lego）是丹麥知名的玩具公司，二〇〇三年聖誕節銷售旺季的業績大幅滑落，營運長波里．普勞曼（Poul Plougmann）於次年一月被迫黯然下臺，大家都認為理所當然。二〇〇三年是樂高公司最悲慘的一年，營收下跌二五％，虧損二億三千萬美元，創歷史新高，聖誕節的慘澹業績不過是雪上加霜而已。樂高究竟出了什麼大紕漏？公司執行長，也是創辦人的孫子，克依爾德．克里斯金森（Kjeld Kirk Kristiansen）簡單扼要地說明：「樂高偏離本業，過於強調商品的多樣性。事後證明，雖然J.K.羅琳（J.K. Rowling）的《哈利波特》小說本本暢銷熱賣，但是故事主角的肖像，在聖誕節卻乏人問津。」至於該如何重整旗鼓？克里斯金森宣布：「樂高將重回老本業，我們將專注在有利可圖，尤其是核心產品的未來發展。」

這類故事時有耳聞，可以說是稀鬆平常。報章媒體經常報導公司經營的起起伏伏，有人風光高升，有人黯然下臺。今天是樂高，明天又是另一家公司，這種戲碼輪番上演，實在不足為奇。

偏離核心！奇異盈餘八十億，樂高卻虧損？

坦白說，我對於樂高這個個案並不感興趣。在今天光怪陸離的商場上，一家丹麥家族式經營玩具公司的問題，還不足以成為萬眾矚目的焦點。我感興趣的是，應該如何解讀樂高的經營現象？我們看待樂高經營的思考模式，也反映出對於其他無數公司經營成敗的看法。樂高是一家聲譽卓著、行銷全球，伴隨無數人度過童年時光的老字號公司，為什麼會突然一蹶不振？其原因絕對不只是時運不濟而已。

樂高的業績一落千丈只是現象，背後應該有合理的解釋。一些專業的商業媒體又是如何解釋樂高的衰退？有些報紙說明，因為美元對丹麥貶值，而占樂高營業額一半以上的北美市場，呈現在樂高帳面的數字變少了。有的記者指出，位於蒙特婁（Montreal）的美佳創意公司（Mega Bloks Inc.）異軍突起，掠奪樂高的大半江山。但這些都是細微末節，沒有觸及問題的核心：樂高為什麼虧損？樂高執行長和其他媒體共同的論調是，樂高偏離核心企業。包括《金融時報》、《華爾街日報》（*The Wall Street Journal*）、美聯社（Associated Press）、彭博新聞社（Bloomberg News）、《北歐商業新聞》（*Nordic Business Report*）、《丹麥新聞摘要》（*Danish News Digest*）、《塑膠新聞》（*Plastics News*）等數十種報章媒體，以各種不同字眼形容普勞曼的下場：解僱、炒魷魚、殺頭、滾蛋、取代、去職、下臺或是解職。這些文章除了生動描述普勞曼的離職之外，內容大同小異，口徑一致地認為，偏離核心本業是樂高最大的失策。

「偏離」（Stray）這個詞值得好好推敲。字典上的定義為：「脫離既有範圍」、「脫離公認正常的路線」，以及「迷失」。導彈如果偏離航道，就會誤擊目標；離家走失的狗稱為流浪狗。公司如果貿然投資、偏離正軌，就是迷失。樂高公司顯然鑄成大錯——公司應該專注於核心產品，不應該追求產品多元化。簡言之，公司迷失了。

貝恩企管顧問公司（Bain & Company）的克里斯．祖克（Chris Zook）於二〇〇一年出版《從核心擴張》（*Profit From the Core*，暫譯）書中提到，公司鎖定明確的客群，專注於幾項產品，才能有最好的表現。如果公司的產品五花八門，或是想要將所有客戶一網打盡，結果往往得不償失。但問題的癥結是：該如何找出公司的核心？祖克指出，可從六個構面檢視公司的擴展是否合理：進入新市場、新通路、新客群、新的價值鏈、新事業和新產品。只要**以核心為主軸向外擴展**，採取上述任一理由進入周邊領域都是合理的，勝算會較高。不過上述作法未必穩操勝券，也可能危機四伏，虧損連連。如此一來，我們會憂心該採取哪一條路線？核心在哪裡？又怎麼知道已經偏離核心？當然，每個人都會當事後諸葛亮，但該如何有先見之明呢？

回到樂高這個案例。幾年來，樂高的高層只做一件事情：製造和銷售孩童玩的積木，這就是核心本業。由於射出成型（injection molding）製造技術精進，樂高可以製造五顏六色、各式各樣適合小手操作的積木。孩子只要憑藉豐富的想像力，便可以用樂高積木拼湊出各種圖樣。樂高專心投入積木領域，沒有其他業務。樂高是積木王國，一直都所向無敵，不但穩居市場龍頭，牢牢掌控經銷零售通路。

只可惜，商場如戰場，瞬息萬變——顧客偏好捉摸不定，技術一日千里，對手虎視眈眈。現在的小孩子，早早就投入電動玩具的懷抱，傳統的玩具市場因此萎縮停滯。一九九〇年代以前，塑膠製的積木已是成熟產品，而且和五光十色的電視遊樂器和電子類玩具比起來，確實，積木單調無趣多了。樂高如果要維持成長，或是保持現有規模，就必須另謀對策。問題是怎樣才算是合理的對策？如果樂高跨足金融業，一定有人質疑偏離核心。萬一新事業一敗塗地，大家一定覺得是意料中的事——玩具公司根本不懂金融業務，如何跨足金融業？負責的主管一定得引咎辭職。如果樂高推出系列童裝呢？這還扯得上邊——樂高了解兒童，熟悉消費性產品，同時掌握零售通路，雖然不是童裝通路，但勉強說得過去。所以，勝敗仍是未定之數。

跨足電子類玩具呢？同樣勝負未卜——樂高說不定能利用玩具累積的經驗，讓業績一飛沖天也不無可能。事實上，樂高就曾經推出生化戰士（Bionicle）系列遊戲，以及由個人電腦控制積木組合的電腦樂高系列（Mindstorm）機器人。《哈利波特》裡的人物呢？把小塑膠零件組裝成的小玩具呢？這總該是樂高的核心業務了吧！如果《哈利波特》的人物還不算是樂高的核心業務，我們就不禁問道：樂高的核心範圍有多廣？難道只有傳統積木？這種核心業務怎麼可能支撐一家營收二十億美元公司的成長動力！

別忘了，普勞曼當初就是樂高從丹麥知名影音設備廠商鉑傲公司（Bang & Olufsen）重金禮聘，目的之一就是追求新商機。樂高在一九九八年首度虧損之後，將延攬普勞曼視為一項突破，象徵公司進軍新領域的決心。普勞曼領軍的最初幾年，樂高跨足電子類玩具並致力於產品多元化，成績斐然。當時，沒人敢質疑樂高偏離核心本業。但是當二〇〇三年業績大幅滑落，克里斯金森就失去耐性，開革普勞曼。「我們追求的成長策略完全依賴新產品，結果不如人意。」二〇〇四年，樂高決定「重回核心」和「專注於獲利」。令人納悶的是，難道樂高一開始追求新商機時，念茲在茲的不是利潤成長？

《哈利波特》是史上最受歡迎的童書，前兩部電影的全球票房高達十二億美元，不過這是題外話，和討論主題無關。假設時光回到一九九九年，當時樂高決定只專注塑膠積木，安於現狀，又會是什麼樣的光景？隔年的頭條新聞會是什麼？也許斗大標題寫道：樂高業績停滯，高階主管被解僱。故事主軸呢？大概是：「丹麥的家族企業長期墨守成規、不思突破，把成長良機拱手讓給創新對手。」分析師則評論，樂高缺乏創新的勇氣，公司沒有願景，經理人膽怯無能——甚至驕矜自喜。

當然，也有一些跨出核心本業的公司，表現十分亮眼。奇異電氣是美國最大的製造公司，生產燈泡、冰箱、飛機引擎和塑膠產品。公司於一九八〇年代出售一些傳統事業——家用電器和電視部門——然後進入全然陌生的金融服務業，包括商業融資、消費金額和保險業務。時至今日，光是這些金融服務的營收，就占奇異營收的四〇％以上和將近八十億美元的盈餘。奇異顯然脫離核心本業，但因為表現亮麗，沒有人敢要老闆下臺。事實上，根據《財星》雜誌（*Fortune*）二〇〇五年所做的全球最受推崇企業調查，奇異電氣排名領先沃爾瑪百貨（Wal-Mart）、戴爾電腦（Dell）、微軟（Microsoft）和豐田汽車，名列第一；《金融時報》二〇〇五年所做的全球最受敬重企業調查，奇異屈居第二，之前則蟬聯六年龍頭寶座。對於一家冒險偏離核心的企業來說，這種表現令人刮目相看。

普勞曼下臺的幾週後，英國的《品牌策略》（*Brand Strategy*）雜誌較用心地探討樂高的未來。該專文和其他文章一樣，把樂高的問題歸因於「將心力花在像《星際大戰》和《哈利波特》這類新產品，因而危及核心業務的發展。」《品牌策略》雜誌同時邀請了幾位產業專家對樂高提出建言。這些熟知玩具產業和競爭態勢的專業人士，應該可以提出一些精闢的見解。他們被問到：樂高該何去何從？

以下是倫敦某知名玩具店行銷經理的看法：

> 樂高不應該遺忘當初賴以成名的東西——高品質、色彩繽紛的積木。樂高有高明的行銷手法，但是應該不斷創造驚奇。

一位玩具和遊戲產業分析家的建議：

> 近幾年來，樂高迷失經營方向。公司多元化經營，推出的產品種類過多，結果並不如人意，樂高應該專心在拿手的老本業，回到玩具才是正途。

另一位玩具產業專家的意見則是：

> 樂高不能忘記自己的傳統：傾聽顧客的聲音；創新；專注在長期以來成功的要訣；革新而不是革命。

真是字字珠璣！每一位產業專家都提出雙管齊下的忠告：一方面要維持傳統，專注在賴以成名的產品；另一方面要創新，創造驚奇。（別忘了，樂高處心積慮追求驚奇，卻招致喪失核心的批評。）沒有一位專家明確指出樂高應有的抉擇和方向——大家都希望樂高樣樣精通、面面俱到。我敢保證，一旦樂高轉虧為盈，這些專家一定沾沾自喜地說：「看吧！樂高聽我的建議準沒錯。」萬一虧損連連，他們也會不以為然地說，那是不接受建議的後果。

美國職棒大聯盟紅襪隊偉大的外野手泰德．威廉斯（Ted Williams）曾說，最讓他火冒三丈的事情是：當對方壘上有人，正巧又輪到強棒打擊時，教練走上投手丘，對投手面授機宜：「別投好球，也不要保送。」然後轉身走回休息室。泰德說：「廢話！」投手當然不想投太好的球，也不會想保送打者，這還用得著特別交代嗎！此時，教練應該直接了當地指示：「如果不想保送，就大膽投好球。」或是「如果不放心投好球，就乾脆保送。」但棒球教練就和產業專家一樣，總覺得要求面面俱到是最保險的作法。

最後，當大家對樂高交相指責之際，卻忽略其他玩具業者的經營也同樣苦不堪言。美國最大的玩具業者美泰兒（Mattel），慘澹經營多年，二〇〇四年七月公布，旗下最暢銷的芭比娃娃銷售下滑一三%。芭比娃娃的勁敵來自於ＭＧＡ娛樂公司（MGA Entertainment）號稱「流行尖端娃娃」的貝茲娃娃（Bratz），侵蝕芭比娃娃的市占率。美泰兒該如何反擊，奪回失去的江山？應該專注於核心產品嗎？答案是否定的。美泰兒打算推出兩條新產品線，一個是配合當紅電視節目《美國偶像》（*American Idol*）的系列，另一個則是以時尚為訴求的「流行風系列」（Fashion Fever）。就在樂高公開宣稱商品多樣化是錯誤策略的幾個月之後，美泰兒卻決定跟進。

飄移的史密斯書店與擴張的諾基亞

被批評偏離核心的企業，除了樂高之外，還有英國的ＷＨ史密斯連鎖書店（WH Smith）。史密斯書店位於倫敦，原是經銷書報雜誌的百年老店，後來擴大營業，跨足書報攤和商店。近年來，經營陷入困頓。這一點也不奇怪，《紐約時報》（*New York Times*）報導：「史密斯書店於一九八〇年代末，除了原本經營的書報雜誌經銷業務之外，將版圖擴張到音樂、辦公用品、文具和禮品。但分析師表示，史密斯書店飄移遠離核心本業，深陷激烈競爭的環境。」史密斯書店的競爭對手增加了超級市場和大賣場，成為一場難打的硬仗。

請注意「飄移」（Drifting）這個詞。根據《紐約時報》的評論，史密斯書店的改變並不是多樣化或是擴展，而是飄移。根據字典的定義，飄移是：「沒有特定目標，從一處移轉到另一處；隨著氣流或水流移動；偏移既有的路線或焦點；也就是迷失。」一艘木筏可能隨波逐流，隨著潮汐飄上飄下的叫做浮木，沒有方向或目標的人叫做流浪漢。飄移似乎不是什麼好字眼。

誰能說史密斯書店飄移呢？誰說販售音樂和辦公用品就是偏離路線？我們如何斷言史密斯書店增加販售文具和禮品，就是盲目沒有目標？史密斯書店並沒有跨足出版業，也沒有販售生鮮食品或飲料，也沒有增加需要人員解說的東西，像是電子器材或退貨率高的商品。只不過是增加一些流通率高的消費性商品，擴充貨架上的品項而已。史密斯書店難道不應該利用既有優勢，推出吸引主力客群的周邊產品嗎？史密斯書店此刻陷入進退兩難的困境，也就是型態擴張（format expansion）常見的問題：當大賣場和超級市場擴充營業規模，販售史密斯書店原有的一些產品，史密斯書店應該坐以待斃，還是擴充商品反擊？依據現況，增加音樂和辦公用品的販售是最佳對策。或許，史密斯書店因為存貨管理不當、後勤作業不良，或是議價能力不如沃爾瑪百貨和喜互惠超市（Safeway），導致擴張新版圖的成效不彰。但是，因此認為史密斯書店飄移不定，未免過於武斷。

再舉另一個例子。一九九〇年代中期起，諾基亞（Nokia）手機由於技術精良、設計美觀和高明的品牌定位，成為領導品牌和全球最大製造廠商。但是自二〇〇四年起，位於芬蘭的總公司警覺市場競爭加劇，尤其面臨亞洲低成本國家的威脅。現在的手機功能完備，包括照相、行事曆、計算機和收音機等功能一應俱全，已經淪為日常用品，利潤微薄。諾基亞該如何因應？是否應該加倍專注在核心產品的投資？結果並非如此。

根據《商業周刊》（*Business Week*，現為《彭博商業周刊》〔*Bloomberg Businessweek*〕）的報導，諾基亞準備「擴充行動遊戲、影像、音樂等功能，甚至發展公司複雜的無線系統」。這些新領域也許能帶動業績成長並提升獲利，卻完全和諾基亞的手機設計和製造的核心本業無關。比起史密斯書店跨足文具，樂高投入《哈利波特》玩具，諾基亞的決策似乎更偏離核心本業。那麼，為什麼《商業周刊》沒有批評諾基亞迷失或飄移，而只是說諾基亞擴張？因為，當時諾基亞成敗未定，所以《商業周刊》選用了較四平八穩的動詞——擴張。除此之外，從各種角度來說，諾基亞的策略都合情合理：從艱困的低利潤事業，轉戰高利潤事業。如果諾基亞轉型成功，大家都會稱讚諾基亞的策略運用靈活，管理十分高明；萬一不幸失敗，就會被批評為跨足陌生領域的失策，也就是迷失或飄移。執行長（或是他的繼任者，如果現任者不幸和普勞曼同病相憐的話）也許會信誓旦旦地說，諾基亞應該回歸老本行，專心經營手機業務。萬一諾基亞固守手機事業，但占有率萎縮導致利潤下滑，就有人會批評諾基亞驕傲自滿、故步自封、作風太過保守。此時大家會說：諾基亞不知因應市場變化，不能隨著潮流改變，失敗是咎由自取。

企業最根本的問題是……

談論樂高、史密斯書店和諾基亞，目的不外乎圍繞在企業根本問題：**怎樣創造卓越績效**？這是企業界最根本的問題，也是財經界追求的聖杯。有些企業經營得有聲有色，讓股東身價百倍；有的卻是慘澹經營、利潤微薄，甚至血本無歸。導致如此天壤之別的結果，原因是什麼？樂高增加商品的多樣化，真的是失策嗎？

以當時的情況來看，是很合理的決定，只是成效不彰，才被批評為方向錯誤、決策失當。但這不過是以成敗論英雄，固然樂高投資失利是事實，卻未必是決策錯誤。從幣值變化到對手攻擊等因素，都可能是導致樂高失敗的原因。再者，其他的作法也不一定保證成功。但是，當我們看到像偏離這類帶有負面暗示的字眼時，便不由得斷言樂高是決策錯誤。如果能比較清楚掌握諾基亞的前景發展情況時，或許就有把握用考慮不周或決策高明這類較明確的字眼，而不是用擴張一詞。但我們並沒有這樣做。

再舉個例子。沃爾瑪百貨原是一九六二年在阿肯色州（Arkansas）小鎮發跡的小型零售商，如今成長為全球最大的企業，每天營業額高達十億美元：占寶僑公司（Procter & Gamble）營業額的三〇％，占全美尿片消耗量的二五％和雜誌銷售量的二〇％。由於勢力龐大，甚至能以貨品撤架為由來威脅，要求審查雜誌和唱片。坊間對於沃爾瑪百貨的成功祕訣，不乏各種理論：或許是「每日低價」（everyday low price）的策略奏效，或是不放過任何細節，亦或是讓人全新投入的企業文化，也可能是善用資訊技術管理供應鏈或直接赤裸裸地壓榨廠商。究竟是哪些有理，還是全部有理？哪一項因素最重要？各因素之間是否有相輔相成的效果？有些因素只解釋部分現象，無法一窺全貌。例如，沃爾瑪百貨利用規模優勢取得最低進貨成本，雖然說明沃爾瑪績效卓著，卻無法解釋如何達到今天富可敵國的規模。這是很重要的問題，因為如果沃爾瑪百貨是學習的榜樣，想複製成功的祕訣，到底該學習哪一項？事實上，答案沒有定論。正如法蘭克．辛納屈（Frank Sinatra）的名曲歌詞：「我們知道的太少，還有很多等著去發掘。」

當然，沒有人願意承認自己所知有限。社會心理學家艾略特．亞隆森（Elliot Aronson）觀察，人類追求合理化已經到了不理性的地步，凡事都要有合理的解釋。也許，我們不明白樂高為什麼陷入瓶頸，史密斯書店為什麼面臨困境一蹶不振，或是為什麼沃爾瑪百貨如此成功，但是我們希望自己有了解來龍去脈的感覺。因為，合理的解釋讓自己安心，所以才會說某些公司偏離或飄移。以股票市場為例，股市行情每天小幅波動、起起伏伏，就像布朗運動

（Brownian Motion，如空中飄散的花粉或任意碰撞的移動）一樣。如果專家表示，今天的股市波動是隨機因素，我們會覺得不安心。所以盯著 C N B C 頻道的股票行情時，希望聽到股市專家的分析：「因為工廠訂單增加，投資人重拾信心，帶動道瓊指數微幅上揚。」「投資人獲利了結，指數微幅下降。」或是「投資人解除聯準會升息的疑慮，股市因而走揚。」專家一定得擠出一些話，我們才放心。總不能叫瑪麗亞・芭蒂羅莫（Maria Bartiromo，知名財經女主播）面對閃爍的鎂光燈時說，道瓊指數下滑是因為隨機的布朗運動所致。

拿可口可樂與戴姆勒進行科學研究？

目前為止，我們都還沒有觸及問題的核心：為什麼很難明確指出影響公司績效的因素？當然不是沒有人嘗試過，無論是商學院、研究機構或顧問公司，都曾耗費心力尋找真相。相關研究可謂汗牛充棟，但為什麼對於公司績效的解釋，卻往往流於陳腔濫調、了無新意？

相較於商學，不管是醫學、化學或航太工程的知識都遙遙領先。這些領域不斷進步超前的共同點在於科學。理查・費曼曾經對科學下過註解：「科學是解答問題的固定模式：如果這麼做，結果會怎樣？」科學無關美麗、真理、公義、智慧或道德，完全實事求是。科學的問法是：「如果這麼做，結果會怎樣？」「如果施這種力或加點熱力，或是混合這些化學物質，結果會怎樣？」根據定義：「維持盈餘持續成長的動力是什麼？」是一個科學問題。換句話說，如果公司這麼做，對於營收、利潤或是股價有什麼影響？

至於如何解答科學性的問題，費曼說道：「基本技巧在於，先試試看，接著觀察結果。然後蒐集大量相關實驗的資訊。」換言之，做實驗，然後系統性的蒐集資訊，再歸納出解釋現象的規則，便可以準確預測結果。像物理化學這類科學的優勢，是可以透過實驗的過程，嘗試並觀察結果。科學家在設備精良的實驗室中，控制環境、調整相關因素，並且觀察結果。然後再根據結果，重新調整某些變數以改變環境，再重新試驗。科學能一日千里，主要歸功於精密和漸進式的調整試驗。

真實的商場縱橫捭闔、錯綜複雜，不可能在實驗室裡試驗。但是，商業問題適合採用科學調查方式嗎？是否能設計各種假設，透過縝密實驗測試找出合理解釋？許多企業的問題，的確可以透過科學性的試驗找出答案。舉例來說，如果想知道商品擺在超級市場哪一個貨架銷路最好，或是價格變動對於銷售量的影響，還是特別促銷活動的成效，只要在不同的賣場測試，再比較結果就行了。因此，我們可以知道在某種情境下，哪一種作法比較有效。換言之，如果這麼做，結果會怎樣？事實上，只要同性質的交易數量夠大，就可以作為實驗的自然環境。有人認為沃爾瑪百貨成功的原因之一，是第一家把嚴謹的科學方法，應用到銷售規畫、研究消費模式和了解顧客行為特徵的企業。然後把研究結果，應用到後勤管理或店面擺設等各方面。同樣地，知名的網路公司像亞馬遜網路書店（Amazon.com）或eBay，都是利用複雜的科技追蹤顧客習慣，掌握顧客偏好。

另外，美國知名的博奕公司哈樂斯娛樂（Harrah's Entertainment），婉轉一點的說法是遊戲公司，每天都有成千上萬的顧客進入該公司旗下賭場。蓋瑞・拉夫曼（Gary Loveman）於一九九八年擔任營運長，他看到的不只是成排的吃角子老虎機、撲克牌桌或輪盤，而是一個足供試驗的龐大實驗室。哈樂斯發行的「全金貴賓卡」（Total Gold）蒐集幾萬名賭客龐大的資料和偏好，他認為可以利用這些資料進行試驗，然後根據所得結果調整，提升顧客滿意度並留住顧客。例如，哈樂斯可以調整賭場各樓層的配置，組合吃角子老虎機，同時讓顧客和公司獲益。拉夫曼的試驗是否符合科學的標準？沒錯，而且成果驚人：哈樂斯娛樂公司的營業額和利潤大幅成長，遠遠超越競爭對手。哈樂斯利用科學思考——嘗試和觀察——提升了績效。

但是，大部分企業的問題並不適合這類試驗。例如，推出新產品這種重大的策略就無法實驗。一九八五年，可口可樂推出新口味的產品，結果一敗塗地，但是悔之已晚，機會不再。戴姆勒（Daimler）只有一次併購克萊斯勒（Chrysler）的機會，即使悔不當初，也無法挽回。美國線上（Ditto AOL）和時代華納（Time Warner）這兩家企業文化南轅北轍的公司，在快速變遷的產業中進行複雜的合併，兩位領導人史帝夫・凱斯（Steve Case）和吉羅德・李文（Gerald Levin）也沒有辦法先進行試驗（編按：二〇〇九年美國線上正式與時代華納分離，成立獨立公司）。試驗的方法論完全不適用這類併購案。我們如果想知道管理併購公司的最佳方式，不可能先買下一百家公司，採用不同管理方式，然後再觀察結果。

暢銷商管書＝椰子殼耳機？

因為無法經由科學實驗，充分掌握錯綜複雜的商場行為，因而替商學院的學者提供了表演舞臺。管理大師華倫・班尼斯（Warren Bennis）和詹姆斯・奧圖（James O'Toole）於二〇〇五年的《哈佛商業評論》（*Harvard Business Review*）中，批評商學院過度依賴科學方法。文章中寫道：「這些所謂的科學模型，自以為商學和化學或地質學具有相同的學術性質，這是錯誤的假設。基本上，商業是一種專業，商學院是專業學校，或是應該如此。」

他們似乎認為，商學研究欠缺自然科學的精準，也無法適用嚴謹的科學邏輯方法，所以最好以人文科學的角度探討。這種說法，對錯各半。雖然，商業無法像化學或地質學，以嚴謹的科學方法研究，但並不表示凡事都得憑直覺行事。這並不是非一則二的選項，畢竟自然科學和人文科學之間，仍有折衷的空間。儘管沒有辦法買下一百家公司進行實驗，倒是可以針對已經完成的併購案，進行研究觀察。我們可以檢驗公司規模、產業與整合流程等一些重要變數，觀察影響成敗的原因。這種方法稱之為準實驗法（quasi-experimentation），是社會科學的主力。雖然這種方法永遠達不到自然科學的境界，但是把科學追根究柢的精神應用到重要的商業決策，也就差強人意了。

事實上，有關公司績效的社會科學研究成果豐碩，這在稍後的章節會提到。但是過程嚴謹，小心求證的研究，往往沒有提出具體的行動方案，或是所建議的行動對於公司經營成敗無足輕重，讀來索然無味。經理人一向不喜歡花腦筋討論資料的正確性、方法、統計模型和機率，而喜歡簡單明瞭的說明，以及提供明確具體的行動方向。我們希望用簡潔輕快和引人入勝的情節，包裝樂高的命運。畢竟，故事題材總是讓人讀的津津有味。

分辨報導和故事的差別是很重要的。一篇報導最重要的是提供事實真相，沒有人為操縱或是曲意解釋。記者關於樂高和史密斯書店的說明，應該是屬於報導性質，而使用偏離和飄移這類字眼，便是明顯失當。另一方面，故事是人們把周遭生活和經驗合理化的一種方式，一篇動人的故事不必負責事實真相，也不需要對事件提出合理解釋。以故事題材處理樂高和史密斯書店的新聞，還算精彩。讀者可以從幾段文字，就掌握問題所在（銷售量和利潤下滑）、得到合理解釋（公司沒有方向），並且獲得一些經驗（不要偏離，要專注核心業務）。故事簡單明瞭，結論鏗鏘有力，沒有拖泥帶水，讀者看得津津有味。

以故事題材寫作並無不可，但前提是要分辨真假，不能全盤接受，還信以為真。要注意的是，披著科學外衣的故事潛藏危機。這些故事假借科學知名，宣稱具有科學的效力，然而卻沒有科學的嚴謹和邏輯，頂多稱為偽科學（Pseudoscience）。費曼有句很傳神的用詞——草包族科學（Cargo Cult Science，直譯為「貨物崇拜科學」），描述如下：

南太平洋有一種族群的膜拜儀式。這個族群在戰爭期間看到飛機載著許多物資降落，期待還有飛機帶來源源不絕的補給品。所以，他們賣力地鋪設跑道，在跑道兩旁豎立火把，還蓋了座木屋，裡頭坐著一個人，頭上掛著兩片木片當成耳機。這副耳機還插上竹棒當成天線。原來，這個人就是塔臺管制員。萬事俱備之後，這群人就等著飛機降落。雖然做好了準備，完全依照機場的形式，結果卻徒勞無功，根本不會有飛機在這裡降落。我把這種事情稱做「草包族科學」，因為這類學者，只知道遵守科學研究的觀念和形式，卻忽略最基本的一件事——飛機根本不會降落。

這並不是說草包族科學一無是處。這群熱帶島嶼上的人們，一身塔臺管制員的裝扮，戴著一副椰子做的耳機，站在飛機跑道旁引頸期盼，也許從整個過程中尋得一些心靈滿足——他們活在未來更美好的希望中，陶醉在膜拜的喜悅裡，覺得自己更貼近超自然的力量。但畢竟故事還是故事，無法預測未來。

商界充滿了「草包族科學」。一些書籍文章都宣稱內容是經過嚴謹的科學方法而來，實際上卻停留在說故事階段。往後幾章我會討論這類研究：有的符合科學標準，但缺乏故事動人的情節；有些有引人入勝的故事情節，卻沒有科學根據。我們會發現，一些雄據暢銷排行榜數月之久的商管書，都只是披著科學的外衣，預測能力和熱帶島嶼上用椰子殼做的耳機不相上下。

chapter 2

「矽谷傳奇」究竟是典範還是幻覺……

重新修改歷史的人也許內心堅信，自己是在還原過去的事實真相……他們認為自己的觀點就是上帝的觀點，因此修改紀錄是天經地義的事。

——喬治．歐威爾（George Orwell），《評國家主義》（*Notes on Nationalism*）

前一章有關樂高、史密斯書店和諾基亞的敘述，都是來自財經新聞的報導，是記者在截稿時間壓力下完成的，內容也許照公司發布的新聞稿照本宣科，難怪字裡行間充滿陳腔濫調和股市術語。但是，如果針對一家公司研究幾年，也許比較能夠認清該公司的績效表現。

衡量公司經營績效最基本的指標是股東價值。根據此一標準，思科系統公司（Cisco Systems）可說是有史以來表現最好的公司。該公司創下市值最快突破一千億美金的紀錄，而且在最輝煌風光的時刻——二〇〇〇年三月的兩個星期，總市值達到五千五百五十億美元，超越微軟成為全球最有價值的公司。思科執行長約翰．錢伯斯（John Chambers）在任的五年間，股東價值增加四千五百億美元。思科卓越的績效無庸置疑。

這只是泡沫嗎？沒錯，思科的股價在二〇〇〇年底大幅下滑，二〇〇一年更加速探底，往後兩年都在低檔盤旋。但是隨著景氣復甦，思科的市值也跟著水漲船高，並在二〇〇五年達到一千一百六十億美元，全美排名第十七大企業，超越像可口可樂、雪佛龍德士古（ChevronTexaco）和迪士尼（Disney）等老字號公司，而且價值超過3M和美國運通（American Express）的總合。這些表現說明，公司前幾年卓越的績效不完全是泡沫幻影。

我們可以不理會財經媒體故事性的報導，而是依據公司持續創造利潤的能力衡量其績效。即使以此為標準，思科系統的表現依然名列前茅，營業額於二〇〇五年達到二百四十億美元，同時維持可觀的利潤率。不管從任何一個角度觀察，思科的績效表現都屬於佼佼者。如果要研究影響公司績效的因素，最好挑選表現卓越的公司，因為如果連思科成功的原因都無法解釋，對其他表現平平的公司就更束手無策了。

還好，市面上有關思科的雜誌文章、個案研究和專門書籍，可說是汗牛充棟。我們先看看記者、經理人和學者專家如何解釋思科的成功。

從地下室到矽谷傳奇

思科系統的崛起，充滿傳奇色彩。約翰．沃特斯（John K. Waters）在所著的《思科風範》（*John Chambers and the Cisco Way*）一書中，描述這段傳奇：

> 思科系統的成立，是典型的矽谷傳奇。珊卓拉．萊爾娜（Sandra K. Lerner）和雷諾．波薩克（Leonard Bosack）就讀研究所時相識，進而相愛相戀，共結連理。畢業之後，兩人的工作是管理散落在史丹佛大學（Stanford University）廣大校園各角落的電腦網路。他們希望藉由電子郵件傳情，但是網路系統卻不相容。珊卓拉管理史丹佛大學商學院的電腦，而波薩克則在相距五百碼之外的電腦科學實驗室工作。

解決網路系統不相容的方式，是以所謂的多重協定路由器（multiprotocol router），讓電腦換資料。萊爾娜和波薩克設計路由器，繼而成立公司，並展開一段傳奇之旅。這段傳奇故事，多年來不斷被傳誦著。二十年後的今天，盡量就我所知來敘述思科的故事。

思科和許多新興企業一樣，在地下室胼手胝足，克難創業，先把產品賣給朋友和專業領域的舊識。當營業額突破一百萬美元之後，萊爾娜和波薩克開始找人合資。經過多方奔走，在接觸第七十七位金主之後，終於獲得紅衫創投公司（Sequoia Capital）負責人唐納．范倫汀（Donald Valentine）同意投資二百五十萬美元，並取得三分之一的股份和管理權。范倫汀成立專業的經營團隊，延攬電腦業界資深專家約翰．摩格里奇（John Morgridge）擔任執行長。思科的營業額從此一飛沖天，從一九八七年的一百五十萬美元，遽增到一九八九年的二千八百萬美元。並且於一九九〇年二月公開上市。第一個交易日結束後，思科市值站上二千二百二十億美元。往後幾年，在范倫汀和摩格里奇的領導下，市值持續飆升。但就像矽谷上演的老戲碼，創辦人不久就遭到排擠而離開。

一九九一年，思科的規模仍小，而且和矽谷當時一些公司一樣，投機意味濃厚。范倫汀和摩格里奇聘請錢伯斯擔任銷售部門高階主管。一般媒體對錢伯斯的風評是：謙虛有幹勁、具領導魅力、形式低調的超級銷售員。他先在作風保守的ＩＢＭ上班，之後跳槽王安實驗室（Wang Labs，編按：因策略失誤於一九九二年破產，一九九九年被併購消失），當時這兩家電腦業巨擘的地位已大不如昔。錢伯斯準備轉戰小公司一展身手，重新塑造思科。

一九九三年是思科的轉捩點。雖然當時核心產品路由器的銷售依然暢旺，但是錢伯斯決定採取新策略。他和執行長摩格里奇和技術長艾德．科澤爾（Ed Kozel）共同決定，思科應該擴充產品線，提供無線網路世界一次購足的服務，主宰網路基礎設備市場。但是眼前只有一個障礙：市場成長快速，新科技一日千里，思科不可能只靠自己成長茁壯。經過沙盤推演，勾勒未來應有的產品線之後，錢伯斯建議思科應該收購小公司，以彌補不足之處。接下來幾個星期，思科到處搜尋新興企業，找出熱門的新科技和傑出的工程師。不久即完成第一宗併購案，以九千七百萬美元買下區域網路交換（LAN-Switching）領域的漸強通訊公司（Crescendo Communication）。這只是初試啼聲，思科在往後幾年併購了二十幾家公司。

摩格里奇於一九九五年退休，由錢伯斯接任執行長。在他的領導之下，思科成為新經濟（New Economy）的代名詞。一九九六年思科併購十三家公司，都是小而美的企業，其中史崔特康（StrataCom）堪稱是條「大魚」，是訊框中繼（frame relay）設備和交換器的製造商，擁有一千二百名員工，營業額達四億美元。隨著當時網際網路經濟的氣勢沖天，再加上一連串併購案推波助瀾，思科的營業額在一九九七年突破四十億美元，逐漸聚集媒體焦點。

《連線》（*Wired*）雜誌在一九九七年三月號的報導中，以近乎崇拜的語氣形容思科充滿「自信、愉快的員工」，雖然工作時數長，卻「樂在其中」。接著又詳細說明：「他們的工作充滿挑戰、工作時數長，容易感到挫折和情緒化。他們就像一部為這個時代打造的優質機器：打通網路世界的管道。」這家公司還有其他過人之處，《連線》雜誌：「沒有人像他們這麼樂在工作……每個人永遠都是笑口常開、保持微笑。」一個月後，美國《商業周刊》以專題報導思科，稱該公司為「高科技的奇葩」：「思科無疑是網路設備的龍頭，也是資訊產業的三巨頭：思科的資訊高速公路、微軟的軟體和英特爾（Intel）的電腦晶片。」《商業周刊》把思科成功的祕訣，歸功於愉快且出色的員工：「由於錢伯斯近乎完美的管理風格、圓融的銷售員性格，以及一連串成功的併購案……。思科從沒沒無聞的公司，一躍成為電腦業的超級巨星。」兩週後，《財星》雜誌在一九九七年五月號的思科專題報導中，稱讚其為「電腦界的新興巨星」。文中提到：「思科站在網路巨浪上，神態自若，無人能及；策略靈活，以如迅雷的速度收購，進入網路的新領域。」注意當中的用詞：思科並沒有偏離核心或是飄移，而是以靈活策略進入新領域。

思科在一九九八年掌握網路風潮，邁向高峰。當年的營業額達到八十五億美元，是一九九五年的六倍。當時由路由器、集線器和所謂網際網路管道設備所構成的資料網路設備，產業的產值約二百億美元，而思科的占有率高達四〇%，此外還占有八〇%的高階路由器市場。思科不僅營業額成長，獲利能力也不遑多讓。當時一些像亞馬遜網路書店當紅的網路新創公司仍處於虧損階段，思科的營業毛利已達六〇%，完全不像一些網路公司，只是紙上談兵，空談藍海策略，結果一事無成。他們不是網路掏金客，而是販賣鏟子和鐵鍬給等著發財夢實現的礦工們。華爾街最愛這種故事，思科是隻「大黑馬」，屢屢跌破股市分析師的眼鏡，氣勢銳不可當。

《華爾街日報》在一九九八年七月報導：「近來牛市當道，但沒有一家公司像上週五思科系統的表現讓人印象深刻。這家電腦設備製造商的市值突破了一千億美元。」思科只花短短的十二年就達到這個數字，而紀錄保持者微軟則整整花了二十年。一九九八年九月號的《財星》雜誌，盛讚思科是「網際網路霸主」，並且推崇錢伯斯「為投資人拿得一副好牌，把思科的股票變成科技產業穩賺不賠的賭注。」在此之前，思科已經併購二十九家公司。錢伯斯對於需要的技術，採取收購而不是投資的策略，這種作法在矽谷並不常見。許多高科技公司認為併購新技術是自曝其短，但錢伯斯則持不同看法。他認為，如果閉門造車，不願接觸外面的世界，就會自食惡果，ＩＢＭ就是一個活生生的例子。

一九九九年，思科依然勇往直前，向上挺升。思科併購的公司愈大，成長速度就愈快；反之亦然。思科下一步該何去何從？除了路由器和交換器之外，思科將矛頭指向目前占有率低，年產值卻高達二千五百億美元的電信設備市場，那的確是塊誘人的大餅。當然，這個領域將直接面對朗訊（Lucent）、北電網路（Nortel）和阿爾卡特（Alcatel）等強勁對手。分析師是否擔心思科偏離核心本業？他們認為，只要思科交出亮麗的成績單，朝多元化發展是合理的決策，一點都不會擔心。摩根大通銀行（JP Morgan）評論：「錢伯斯把產品多樣化，並鼓勵經理人要全心全意專注於顧客的要求。思科起跑很快，只要讓他們取得領先，就很難趕得上。」興業投資公司（SG Cowen Securities）說道：「他們才剛剛起步。」而ＭＣＩ世界通訊（MCI WorldCom）、斯普林通訊（Sprint）和瑞士電信（Swisscom）等公司，都已經準備購買思科的產品。

買出第一名！思科如何打造成功版圖？

一九九七年到二〇〇〇年間，美國著名財經雜誌對於思科的專題報導，可謂連篇累牘、不勝枚舉。這些故事帶給我們什麼樣的啟示？為什麼是思科，而不是其他公司有如此卓越的表現？答案一一浮現。幾乎每篇報導，都一致推崇執行長錢伯斯居功厥偉，許多文章更是對錢伯斯的家事背景多所著墨。錢伯斯的雙親都是西維吉尼亞州查爾斯頓（Charleston）的醫生，他克服閱讀障礙，進入法學院就讀，畢業後任職於ＩＢＭ。錢伯斯親眼目睹ＩＢＭ和王安實驗室因為漠視科技的巨大轉變，而一蹶不振。錢伯斯回憶道：「我從這兩家公司身上看到，如果無法走在潮流前端，不但一切努力化為烏有，也會讓員工的生活陷入愁雲慘霧當中。我絕對要避免重蹈覆轍。」這些話真是發人深省。思科在錢柏斯的掌舵下，絕不會歷史重演，將保持精簡、謙虛和靈活。他會擷取ＩＢＭ的優點，再注入新經濟的動力、熱情和視野，拓展思科版圖。

思科另一個經常為人稱道的是併購技巧。《財星》雜誌描述：「把思科看成併購引擎，就像一部精心設計、運作順暢的巨型路由器，能夠處理龐大的網路交易量。」思科精於併購的部分原因，歸功於精挑細選優秀企業的能力。而且不乏收購對象，從新興小公司到頗具規模的大企業都有。而負責挑選合適公司的人，是年僅三十三歲的奇才米開朗基羅．渥皮

（Michelangelo Volpi），據說他獨具慧眼，能在最適當的時機挑選新興企業。哈佛商學院特別針對思科的併購成長策略進行個案研究。大家都認為，思科眼光獨到，看中的小公司產品，都能立即應用在思科的供應線上，避免投機和毫不相干的併購。思科不購買大型企業，或是遠離加州總部的企業，也不碰企業文化格格不入的公司。思科精挑細選的原因，在於希望小而相似的公司，能夠快速相容發揮作用。思科進行收購前，會先成立由行銷、工程和製造等專業人才組成的跨功能團隊（cross-functional team），進行仔細的現場查核。除了技術面的適應性外，也很重視企業文化的相容性。

挑選合適公司只是併購的第一步。思科不只完成交易，還能整合新公司，創造卓越績效。《財星》雜誌報導，思科擅長順利地消化收購公司。成功的關鍵何在？首先，思科成立一支專門「協助」新興企業融入大公司的團隊。哈佛大學的個案研究指出，思科遵循系統化的併購後整合流程，訂定九十天和一百八十天的明確目標。評論說道：「整合成功的關鍵在於，思科採取講究方法的組織性步驟，管理被併購員工的經驗。」同時，思科也會注意整合時的人性面。因為，收購小型科技公司的目的，不在於資產或顧客，而是針對員工。整合順利有助於留住優秀人才，思科在這方面表現傑出。併購時，思科展現柔性的一面，協助新員工融入團隊，例如發給每人思科的棒球帽，建立公司識別。

《財星》雜誌寫道：「思科併購時，宣示絕不資遣員工；被併購員工的流動率只有二‧

一%，而業界的平均高達二〇%。」最後，思科在彈性和紀律之間取得絕佳的平衡。每一次的收購都是獨一無二的，需要一些量身訂做的手法，還有一些必要的步驟，包括資訊系統的整合和製造方法的修正。缺乏併購經驗的公司，每次都會得到一些慘痛的經驗，思科則是讓併購成為一門科學。根據北卡羅萊納州教堂山（Chapel Hill）最佳典範顧問公司（Best Practices）針對成功併購政策的調查，思科名列第一。

思科的財富在一九九〇年代末急速增加。當時史丹佛大學商學院兩位教授查爾斯·奧賴利（Charles O'Reilly III）和傑佛瑞·菲佛（Jeffrey Pfeffer）正著手撰寫《隱藏的價值》（*Hidden Value*，暫譯），其中一章提到管理員工時，就舉思科為例。書中花了好幾頁篇幅討論思科的歷史和策略，並且描述典型的錢伯斯：謙虛的銷售員，說起話來慢條斯理。文中提到思科併購的管理和挽留人才的能力，但這些都還不足以解釋思科驚人的成就。「問題仍懸而未決，」這兩位作者寫道：「思科的競爭優勢何在？」答案是什麼？他們說：「讀者不妨自行推論。」如果思科表現比其他公司優異，「在提供符合顧客需求的技術和設備方面，一定有過人之處。」這代表兩件事：思科不會盲目地崇拜技術，而且仔細聆聽顧客的聲音。根據奧賴利和菲佛的說法，思科過人之處在於沒有自己的技術，但是用心聽取顧客的需求。思科觀察市場走向，然後收購必要的技術，留住發展技術的優秀人才。兩人最後的結論認為，發掘人才和激發團隊潛能是思科致勝的關鍵。

資訊時代最傑出的執行長

那斯達克指數（NASDAQ）在一九九九年底飆漲，新年過後回檔休息，但不久即突破四千大關，到達五千點。二〇〇〇年三月二十七日，思科市值達到五千五百五十億美元，正式超越微軟，成為全球最有價值的公司。四月份那斯達克指數開始下滑，五月份思科股價從八十美元的高點下跌二〇%。事後回想，這是崩盤前首次出現的徵兆，但當時多數人都認為，科技股的疲軟不過是必要的回檔整理，後勢依然看漲。的確，大多數人仍看好思科的後勢表現。《財星》雜誌二〇〇〇年五月號針對思科和執行長的封面故事，標題是〈錢伯斯是全球最佳的執行長？現在買思科股票還來得及嗎？〉文章圖文並茂，深度報導且實地參訪（包括到高階主管家中庭院的貼身採訪）。《財星》雜誌寫道：「思科在執行長錢伯斯的帶領下，無疑是美國首屈一指的卓越公司，和英特爾、沃爾瑪和奇異電氣並駕齊驅。」這篇文章充滿溢美之詞，極盡吹捧之能事。

《財星》雜誌剖析思科成功的原因，仍然了無新意。「思科非常看重顧客。」文章寫道：「簡言之，沒有一家網路公司像思科一樣注重顧客。」並引述創投家約翰．杜爾（John Doerr）的話：「焦點就在顧客身上。錢伯斯這方面的表現無人能及。」錢伯斯本人也表示：「我們盡其所能爭取顧客。」第二個主題是併購整合。《財星》雜誌稱讚思科「把併購變成一門科學」及「整合被併購公司的能力高人一等。」第三點是思科樹立授權和紀律並重的特殊企業文化。矽谷某競爭對手的高階主管說道：「思科經理人被授權的程度，和甲骨文（Oracle）、昇陽電腦（Sun Microsystem）、惠普科技（Hewlett-Packard）或英特爾等公司截然不同。」思科同時強調紀律和成本控管，一位經理人表示：「絕對想不到錢伯斯和財務長賴瑞．卡特（Larry Carter），竟是如此精打細算。」思科的辦公室布置簡單樸素，每位員工自動自發。包括高階主管在內，沒有人享有足以向人炫耀的津貼福利。第四點，但絕不是最後一點，就是錢伯斯本人。多數人都把思科不凡的成就歸功於錢伯斯。當亞馬遜網路書店的傑夫．貝佐斯（Jeff Bezos），榮登《時代》（*Time*）雜誌一九九九年年度風雲人物時，在《財星》雜誌看來，錢伯斯才是資訊時代最傑出的執行長。

《財星》雜誌指出，思科年成長率三〇%，是奇異的兩倍，因此思科的股票很值得持有。二〇〇〇年五月號《財星》雜誌建議，如果打算只買一家公司的股票，思科是不二選擇，當時這項建議合情合理。那斯達克指數在二〇〇〇年夏季趨於穩定，而十月號《財星》公布年度最受推崇企業調查，思科名列第二，僅次於全球多角化經營最成功，由優秀的傑克．威爾許領導的奇異電氣。這就是當時的思科，意氣風發且成就非凡，全心致力於顧客導向，擁有出色的企業文化和無人能及的併購能力。而唯一的問題，正如同一期《財星》雜誌所提出的，現在買思科的股票是否太遲？答案是：沒錯，太遲了。

不到一年，最有價值變一無是處

科技股在九月份開始下跌，十月份加速探底。思科的股價在十一月份只剩五十美元，簡直是潰不成軍。靈敏的記者從中嗅出思科不尋常的訊息，《華爾街日報》的史考特．瑟恩（Scott Thurm）寫道：「思科現在三千九百三十億美元的股票市值岌岌可危。思科主要靠股票延攬和留住人才、併購有前景的科技公司，股票疲弱不振將危及思科的霸業。近幾個月股價重挫，思科的離職率創新高，一些員工紛紛跳槽到獲利更豐碩的公司。」思科股價一路狂瀉，到二〇〇〇年底只剩下三十八美元，和最高價時相比近乎腰斬。然而，錢伯斯依然鬥志昂揚，宣稱股市下跌是拓展市場的大好良機，公司繼續下單購買存貨。但是這回情況不同：訂單減少，業務量下滑，思科在二〇〇一年四月沖銷近二十二億美元的存貨，承認完全誤判顧客的需求。錢伯斯的夢魘成真，不得不忍痛遣散數千名員工。二〇〇一年四月，就在思科八十美元最高股價的一年後，價格慘跌到只剩十四元。十二個月內，股票市值蒸發四千億美元。公司不但不可能再進行併購，而且還陷入茫然無續的狀態。

二〇〇一年五月號的《財星》雜誌，就在上一篇最推崇思科的報導、也是一年之後，它對思科有了全然不同的評價，標題是〈思科神話破滅〉。文中寫道：

思科股票市值在攀升五千億美元的過程中，可說是無往不利。思科擁有卓越的執行長，可以在一天內完成交易，得到亮麗的財報預測數字。整家公司是一部併購機器，輕而易舉地吸收公司和技術。思科是新經濟時代的霸主，銷售裝備給新時代的電訊公司，取代舊式的傳輸設備，讓舊式設備供應商淘汰出局。

過去幾年，這些被傳頌一時的特質，現在證明是錯誤的。

根據《財星》雜誌的說法，思科的本領不只被誇大渲染，根本就是錯誤的。思科的問題不只是外部的經濟泡沫破裂，連訂單也以超乎想像的速度減少。《財星》雜誌的結論指出，思科的根本問題在於：「經過訪談幾十位思科的顧客、前後任高階主管、競爭對手和供應商，在在顯示思科是自食惡果。」

完全顧客導向曾經是思科最為人稱道的特色，如今卻被批評得一無是處。《財星》雜誌說：「思科對於潛在顧客的態度傲慢無理。」至於思科的銷售技巧，則是「令人反感」，而且「分化」對手。一向引以為傲的預測能力呢？根本不堪一擊。思科「和供應商簽訂長期合約的時機不對。」思科的創新能力，則被批評「一些產品毫無用處。」文筆犀利，毫不留情：「收購、預測、技術和管理——過去一年間，這些原本思科的優點全都失靈了。」導致思科如此一敗塗地的原因何在？問題的癥結在於，成功產生的驕矜自滿。《財星》雜誌報導，思科「曾經陶醉在自信的文化中」，投入電訊產品領域就是思科「得意忘形」的明證。思科趾高氣揚。「自信到近乎天真的地步。」驕兵必敗是古之明訓。雖然，當時其他公司也是搖搖欲墜，但「思科的搖搖欲墜特別讓人感興趣，因為錢伯斯過去塑造的公司形象，是一隻比對手更快、更聰明和更簡樸的新品種巨獸。」當然，這篇報導引人入勝，只不過都不是錢伯斯親口說出，而是出自《財星》雜誌記者的妙筆。

對於思科沒落的窮追猛打，美國《商業周刊》也不落人後。二〇〇一年八月號，標題為〈從破產學得的管理經驗〉文章中寫道：

不到一年之前，思科還被推崇為新經濟時代的最佳典範。管理大師把思科看成是二十一世紀組織的典範，把資訊技術結合供應商和客戶，讓公司能靈活地掌握市場脈動。思科把公司的組織扁平化，資本密集的製造產業外包，而且和供應商形成策略聯盟，完全消除存貨的困擾。管理階層利用複雜的資訊系統掌握即時資料，監控市場的一舉一動，做出正確判斷。如果有人具備透視新數位時代的能力，必定非思科執行長錢伯斯莫屬。

唉！思科局勢逆轉，出人意外，損失慘重——尤其四月份沖銷二十二億美元的存貨，證明思科和其他公司一樣，無法倖免於經濟衰退的衝擊。

一年前的《商業周刊》才對思科百般吹捧——網際網路霸主、全球最佳執行長、與奇異與微軟並駕齊驅，現在卻視如敝屣，極盡嘲諷。二〇〇二年一月號的《商業周刊》，刊登另一篇名為〈誇大報導背後的思科真相〉的報導：

過去對於思科有許多近乎神話的報導。在網路鼎盛時期，思科被奉為這個時代的化身。一談起思科，腦海浮現的就是更快、更大和更好。思科的銷售量和利潤無人能及。面對似乎無窮無盡的網路需求，思科的銷售量總是令其他對手望塵莫及。由於強大的資訊系統，公司可以在一天內完成交易。思科連續四十三季的傑出表現，都是符合甚至超出華爾街的預期。曾經在近乎瘋狂的短暫時刻，思科成為全球最有價值的公司。

文中提到思科所有的重要特質：顧客導向、文化、管理併購的能力，以及領導力。但是，每個項目都被批評得一無是處。當然，思科可能已經今非昔比。成功招致自大自滿，快速成長使得管理失控，也可能把客戶視為囊中物、輕忽怠慢。但是報導中並沒有從專業的角度，分析思科從二〇〇〇年到二〇〇一年間的轉變，只是以看待一家績效不彰公司的眼光，提出事後的批評。

故事很精彩，但事實在哪裡？

思科的故事張力十足，引人入勝。先是被捧為典範模式，然後被視如敝屣，最後褒貶不一。經歷數載的寒冬酷暑，終於露出春天的氣息。

二〇〇一年到二〇〇三年間，科技產業依然欲振乏力。但是錢伯斯和他的團隊卻是努力不懈，堅信思科一定能夠浴火重生，更勝以往。市場慢慢回溫，到了二〇〇三年底，科技產業已經展露明顯復甦的曙光，思科開始交出亮麗的成績單。二〇〇三年十一月，雖然銷售量還在緩步回升，美國《商業周刊》再次以錢伯斯為封面人物，這次的標題是〈思科回來了！〉這篇故事寫得精彩動人，但這回不再吹捧思科二〇〇三年所做正確的事，而是檢討二〇〇〇年經歷過的失策。

媒體曾經大力讚揚思科的組織卓越，訓練有素和協調能力優異。《商業周刊》報導，事實上思科曾經失控。思科是「狂野西部文化」，曾經「像一群獨立技術部落般運作，每個單位都可以自行選擇供應商和製造商。」思科曾經「以率性隨意的文化聞名，也就是缺乏協調的計畫。」實情是：「工程師順著那些怪才天馬行空的想法，隨意而行。」公司「為追求成長，不惜任何代價，卻搞得烏煙瘴氣。」而且「員工忙著接單和兌換股票選擇權，無暇顧及效率、節省成本或是團隊合作。」以及許多工程方面的努力，「是疊床架屋，浪費資源。」

這個混亂不堪、組織鬆散的企業，和我們在二〇〇〇年所認知的思科，簡直有天壤之別。但是別擔心，這都已經是陳年往事。二〇〇三年的思科，已經脫胎換骨成「紀律嚴明，極負向心力。」對於思科的改進，大家都應該覺得如釋重負，至少記憶中從一九九七到二〇〇〇年最常用來形容思科的紀律嚴明和向心力是回來了。

最引以為傲的顧客方面呢？史丹佛大學教授奧賴利和菲佛曾經指出，仔細聆聽顧客的聲音，是思科成功致勝的主要關鍵。《財星》雜誌也說過，顧客導向是思科成功的第一強項。而《商業周刊》卻透露，即使思科在處於顛峰的二〇〇〇年，對於顧客也是漫不經心。錢伯斯不諱言地指出，也許思科忘記自己的金科玉律：傾聽顧客需求。至於，再三被傳頌為思科成功關鍵之一的併購呢？根據《商業周刊》所述，思科對於併購根本一竅不通：「思科一直都是瘋狂的買主，即使是虧損連連、前景不明的新創公司也照買不誤。」思科沒有明確的收購策略，雖然曾經被稱讚「從一九九三年到二〇〇〇年購併的七十三家公司，都是精挑細選，深具潛力的公司。」其實，思科是進行「通通有獎的併購」，根本就是「亂七八糟」和「隨心所欲的投資行為」。這些批判毫不留情，思科曾被讚揚是一家目標明確、紀律嚴明的公司，把收購整合變成一門科學，如今卻被抖出只是個瘋狂的買主。至於購買「虧損連連，前景不明的新創公司」當時也是矚目的焦點，目的是尋找擁有優秀員工和偉大想法的新興企業。但事後檢討，這竟是飽受譴責的荒謬行徑。

讀到當時的文章，都講得頭頭是道。但是幾年下來，我們不禁質疑記者是否正確地報導真相——還是憑空想像，加油添醋增加故事可看性。不論報導的題材是卓越績效或差勁表現，還是浴火重生，當時的記者都是拼湊或塑造事實，寫成符合當時的故事情境。這就是所謂歐威爾主義者（Orwellian）：根據事實真相，重新修改過去的歷史，呈現一個較真實完整的故事。這是為了迎合眼前需要，重新詮釋過去的例子。

我對於這些前後不一的報導內容很感興趣，於是拜訪對思科最讚譽有加，《財星》雜誌二〇〇〇年五月號的撰稿人。我問該雜誌總編輯安迪．瑟威爾（Andy Serwer），為什麼二〇〇〇年和現在有如此南轅北轍的看法？瑟威爾坦率地回答：「我想是鐘擺效應。我們對正在發生的事情往往過於投入或傾向渲染誇大。」我還採訪了《商業周刊》記者彼得．鮑洛斯（Peter Burrows），同時是二〇〇三年十一月號〈思科回來了！〉的作者，這篇文章主要描述思科早在三年前的二〇〇〇年，就已經千瘡百孔。鮑洛斯是位才華洋溢、經驗豐富的矽谷專欄作家，曾經長期報導思科、惠普科技和該地區的其他公司。我直接問到底怎麼回事？鮑洛斯解釋說，根據他的觀察，思科向來不關心成本問題，但是曾專注於顧客需求。接著又說：「一般而言，景氣好的時候，我們往往會誇大公司的優點，尤其是一九九〇年代末期，正逢有史以來最繁榮的時期。」

難怪瑟威爾和鮑洛斯兩個人都沒有錯。即使《財星》和美國《商業周刊》這類權威的財經媒體，也往往不自主地誇大渲染優缺點，只用三言兩語描述公司的績效。雖然，故事變得精彩動人，但卻偏離事實真相。大家常說，新聞報導是歷史的第一手資料，而報導內容提供日後研究的主要素材。例如，前面所提到的哈佛個案研究，都是取材自報章雜誌的報導，以及奧賴利和菲佛所著《隱藏的價值》一書中有關思科的章節，也同樣是引述《財星》的相關報導。這些個案研究和著作，程度頂多和引用的資料來源一樣，並沒有精闢的見解。

但是，還有更值得深思的問題。與其說思科的故事是媒體渲染誇大的例子，倒不如說是根本的問題：即使真相赤裸裸攤在眼前，我們仍很難了解公司的績效。過去幾年，思科是矚目焦點、媒體寵兒，即使經驗老到的新聞記者和德高望重的學者，也無法正確指出思科大起大落的真正原因。這些學者專家，再三強調顧客導向、領導力和組織效率，但是這些項目很難有客觀的衡量方式，於是只好根據一些他們認為確定的數字——營業額、利潤和股價，衡量這些表現的好壞。也許，我們對於卓越績效的原因一無所知，才以三言兩語將發生的事情合理化。

chapter 3

從成功轉型到脫軌，艾波比的大起大落

麥洛再度訝異地問道：「他幹了啥事？」

「他把幾百塊肥皂搗碎後摻入甜番茄，證明大家只喜歡非力士（Philistines）的口味，卻分辨不出好壞。整個中隊的人都病倒了，任務也跟著取消。」

「真是的！」麥洛露出不以為然的表情。「他一定認為自己犯了大錯吧？」「才沒有，」尤撒里恩說：「他覺得自己做的完全正確。我們一盤一盤收拾打包，還直嚷著要多吃一些。大家都知道自己病了，卻不知道已經被下毒。」

——約瑟夫．海勒（Joseph Heller），《第22條軍規》（*Catch-22*）

一九九〇年代末期，正是高科技產業泡沫鼎盛時期，商場似乎與現實脫節，因此思科讓人眼花撩亂的故事也就不足為奇，對於新聞記者喪失敏銳觀察力或許可以一笑置之。但是，同樣的劇情也發生在其他公司，包括一些既非新興的高科技企業，也不是美國的公司。

艾波比公司（ＡＢＢ），是全球兩大知名機電公司，瑞典奇異公司（ＡＳＥＡ）和瑞士商布朗－博韋里股份公司（Brown, Boveri & Cie）在一九八八年合併成立的。這次的合併案出自派西．巴那維克（Percy Barnevik）的構想，當時他看到國內的電力市場萎縮，認為跨國企業才能擁有強勁的競爭優勢。合併後的新公司，不論是電力的產生、傳輸和配送，以及自動化、機器人和塑膠等產業，都居於市場領導地位。

公司合併之後，巴那維克隨即大刀闊斧進行改革。不但關閉歐洲各地的一些工廠，大量裁員、刪減支出，整合速度驚人，也節省龐大的費用。同時，艾波比利用一連串的併購行動，擴張全球版圖。一九八九年，公司支付七億美元給西屋電氣（Westinghouse Electric）取得北美電力輸配的業務，並以十六億美元買下美國燃燒工程公司（Combustion Engineering），當時都是轟動業界的新聞。接著，艾波比掌握共產世界崩潰瓦解，轉向自由化與私有化的契機，大舉進軍中歐和東歐市場。此外，也瞄準對於電力和機電需求快速增加的亞洲市場。

一九九四年，艾波比煥然一新，減少歐洲員工，整併北美市場，擴展新興市場。在此同時，公司的營業額和利潤也同步上揚。從一九八八到一九九六年間，艾波比的營業額成長近乎兩倍，達到三百四十七億美元，利潤成長三倍達十二億美元。公司的股價扶搖直上，市值超過四百億美元。

後工業時代的組織典範——靈活的大組織

從一九八〇年末到一九九〇年末的十年間，艾波比成為財經媒體的新寵兒。艾波比為什麼有如此驚人的成就？大多數媒體都認為，艾波比的執行長巴那維克居功厥偉。巴那維克身材壯碩，眼光炯炯有神，相貌堂堂還留著一撮整潔山羊鬍，是歐洲難得一見的商界領導人——具有北歐血統，融合傳統歐洲優雅舉止和語言能力，以及美洲務實和行動至上的作風。這種出身背景，讓人印象深刻。尤其，巴那維克擁有史丹佛大學ＭＢＡ學位，對美國俚語運用自如，讓美國媒體倍感親切。

不久之後，一些主流的報章雜誌紛紛進行人物專訪。一九九一年的《哈佛商業評論》中，就形容巴那維克是「企業的先趨」，打造「企業競爭的新模式」。在大家眼中，他決策果斷，凡事追根究柢，立志建立一套價值觀，把龐大的企業緊密結合在一起。一九九二年，《長程規畫》（*Long Range Planning*）雜誌推崇艾波比公司是「新歐洲整併的典範」，而且不吝於給這位領導人掌聲：「不論採用任何標準，巴那維克都是歐洲世界級的執行長之一。一眼就可以看出，他的管理務實、具有創見，決策果斷自信。」《財星》雜誌更是美言：

「巴那維克是歐洲首屈一指的合併大師。在他的領導下，艾波比成為自一九〇七年荷蘭皇家（Royal Dutch）和殼牌（Shell）合併以來，最成功跨國合併典範。」

一些歌功頌德的文章紛紛登場。《商業周刊》一九九三年的專題報導，名為〈派西・巴那維克的全球聖戰〉。文中開頭寫道：「稱他為行星巴那維克。這位活力十足的艾波比執行長，高瞻遠矚，放眼全球。」接下來的幾頁，更是活靈活現地描述：「儘管他工作狂熱、事業有成，但巴那維克謙虛樸實、平易近人，這在歐洲的企業領袖身上尤其難得一見。」「巴那維克經常和公司的各管理階層見面，從位於瑞士總部的高階主管，到波蘭渦輪機工廠的藍領工頭，大多數人都直呼他的名字。」「巴那維克是個工作狂，最出名的是連在三溫暖的蒸氣室都在批公文。」而且巴那維克「速讀能力和分析能力廣為人知，……演講從不須預先準備，甚至像國際經濟情勢變化這類專精的題目，也能即席演講。」最後，為了畫下完美的句點，「巴那維克除了工作狂熱，還熱愛登山，並且喜歡十小時的馬拉松賽事，中途只有短暫休息。」

一年後，《富比世》（*Forbes*）雜誌寫道：「巴那維克極力整頓浮誇的官僚氣息，並且樂在其中。」「他說話不疾不徐、聲音充滿磁性，是控制型人物，但完全沒有歐洲執行長慣見的專制作風，他謙虛誠懇、率真自然，說起話來眉飛色舞，偶爾穿插美式葷笑話，相當健談。《工業雙週刊》（*Industry Week*）稱讚巴那維克：「積蓄充沛的能量，對企業運作瞭若指掌，具有無比決心提升公司在業界的競爭力。……他是位充滿幹勁，活力十足的人。」

學術界的讚美也不遑多讓。歐洲最負盛名管理大師，歐洲工商管理學院（INSEAD）的曼儒．凱特．維瑞斯（Manfred Kets de Vries），和媒體一樣推崇巴那維克「做事劍及履及，但是謙卑為懷，他自謙對於艾波比的成就不敢居功。」往後幾年，巴那維克聲譽日隆。一九九六年，《董事》（*Director*）雜誌不厭其煩，再次報導巴那維克多采多姿的人格特質：「大家都知道他是工作狂，不停地工作，他有時候自嘲一週只有兩天待在辦公室，就是星期六和星期天……巴那維克掌握工作鉅細靡遺，卻又不會被枝節瑣事羈絆。一天工作二十小時，橫跨各時區，盛夏的航海休假時，仍不時以電話和傳真處理公事，同事對他的這些能力推崇備至。甚至有人瞧見他在蒸氣室裡批公文。」不論在蒸氣室批閱公文是真是假，其實無關緊要，巴那維克已經是位傳奇人物。

在一九九○年中期，巴那維克連續四年被選為「歐洲最受敬重企業執行長／董事長」。他被稱為歐洲的傑克．威爾許。一九九六年，韓國管理協會（Korea Management Association）錦上添花，推崇他為「全球最受尊敬高階主管」。巴那維克的聲望如日中天！

當然，出類拔萃的執行長不是艾波比成功的唯一原因。和巴那維克直接相關的第二個主題是：活力十足的企業文化。艾波比公司具有獨特的文化，既不像瑞典公司強調和諧及參與的呆板，也不像瑞士公司那般保守，而是融合速度和行動的自信文化。他的行動果敢，立志將兩家優秀的歐洲企業打造成世界級公司。合併不久之後，巴那維克有一次在坎城（Cannes）對高階主管演講，強調艾波比公司的三項行事準則：「一、做正確的事（而且帶有風險），這是最好的行為；二、做錯誤的事情（有理由，而且次數有限），這是次佳的行為；三、不做事（而且錯失良機），這是唯一無法容忍的行為。」

他接受《金融時報》專訪時，進一步闡述：「做五十件事情，只要三十五件的方向正確就夠了。做事的第一原則是：『採取行動，做對的事情。』第二個原則是：『採取行動，雖然要承擔風險。』唯一無法忍受的，就是不做事的人。」這種立即行動、發想創意和接受風險的精神，正是艾波比公司文化的精髓，也是日後被認為是艾波比公司業務蒸蒸日上的主要原因。

艾波比公司第一項為人稱道的，便是複雜的組織設計。任何一家跨國企業，必須同時善用全球規模的優勢，也要維持當地市場的競爭力。艾波比公司的顧客，許多是國營電力公司，並不是全球化的企業。因此，如何發揮全球效率的優勢，就成了艾波比的挑戰。巴那維克面對這種矛盾的現象，強調艾波比必須同時具備「全球化與在地化，大小兼備，集中管理卻又充分授權」。

要達到這個目標，有賴全新的組織和管理模式。巴那維克從未指出艾波比是「全球化」的公司，而寧可形容艾波比是由「各國公司組成的聯邦企業」。目的是找出解決顧客問題的最佳方案，然後複製到全球各地。同時為了激發各地企業家的幹勁，「他消弭官僚體系的繁文縟節，讓亞特蘭大的主管可以不受總公司牽制，自行推出新產品，也讓瑞典的電力工程師能夠更改設計，印度的工廠能自行改變生產方法。」

為了達到全球化和在地化的雙重目標，艾波比設計一套矩陣式組織架構，一邊是七個主要部門細分的事業體，另一邊則是以數十個國家為主軸。當許多跨國企業紛紛揚棄這種複雜的矩陣管理時，艾波比卻反其道而行。艾波比的矩陣組織圖，共有五十一個事業領域和四十一個國家經理人，交叉於一千三百家獨立的公司。這些公司再區分為五千個利潤中心，負責交出利潤和高績效。這種複雜的組織設計——五千個獨立的利潤中心，自然引起質疑。《工業雙週刊》就懷疑：「單單要想誰負責什麼業務，就可能造成溝通困難，而且不容易專心於顧客導向。」

但是，當記者訪問過艾波比的管理階層後，這些疑慮一掃而空。不但經理人相當滿意，而且公司的經營績效說明了一切，所以這種組織一定是好的。《商業周刊》引述某瑞士工廠工程師的話，他回憶當初在布朗－博韋里股份公司時代，沒有自主權也沒有責任。新成立的艾波比讓他負責一個利潤中心，對他來說是一大鼓勵，並且借鏡艾波比位於瑞典情況相似工廠的經驗，創造良好的績效。隨時改進，利潤也跟著上揚。

艾波比複雜的組織架構，獲得記者、學界和管理大師的一致好評。一九九〇年代初期最負盛名的管理大師湯姆．彼得斯（Tom Peters），就讚美艾波比是一家「巴克球組織」（buckyball organization），可以媲美巴克敏斯特．富勒（Buckminster Fuller）所設計的完美測地線結構（geodesic structures）。彼得斯說，巴那維克是他所見過的人之中，對官僚體系而言最頑強的敵人。他認為：「巴那維克痛恨官僚體系，是艾波比組織能夠運轉的關鍵。」

哈佛商學院的克里斯多福．巴烈特（Christopher Bartlett）在個案研究中，不只描述艾波比的組織架構，還說明讓組織順利運作的複雜流程和管理哲學。凱特．維瑞斯則推崇艾波比的組織值得其他企業仿效。儘管艾波比的規模和組織龐大無比，但是仍保有小公司的靈活與彈性。根據凱特．維瑞斯的說法，艾波比發明一種新的組織架構，足以成為「後工業時代組織的典範」。

艾波比，跳舞的巨人

一九九〇年代中期，艾波比可說達到事業顛峰，不斷獲得全球最受推崇和最佳管理企業的殊榮。一九九六年，艾波比連續三年榮獲《金融時報》歐洲最受敬重企業的頭銜。文章中寫道：

艾波比在各項評比中表現優異，尤其在企業績效、公司策略和激發員工潛能三項指標特別傑出。而且經常被其他公司引用，作為績效衡量的標竿。

事實上，艾波比公司的成就，卻因為執行長巴那維克的光芒而相形失色。巴那維克備受推崇，被稱為歐洲最受敬重的領導人，在整體評比中，他吸引的選票遠比公司本身多：他的策略願景和專注備受讚揚。

就連一些言詞犀利的觀察家，也對艾波比和巴那維克發出讚賞之聲。一九九六年，《經濟學人》（*The Economist*）的約翰・米可斯維特（John Micklethwait）和亞德里安・伍爾得禮奇（Adrian Wooldridge）撰寫一本冷嘲熱諷的書籍，名為《企業巫醫》（*The Witch Doctors*，暫譯）。書中對於管理大師極盡嘲諷，但是提到艾波比時，兩人都暫時收斂刻薄的論調，旋即轉為讚美：

> 歐洲的管理大師寥寥無幾。但巴那維克當之無愧……。這位身材高大、健談的瑞典人，經歷充沛，而且幹勁十足。巴那維克幾乎囊括職涯所有的殊榮，包括「年度新興市場最佳執行長」和兩次獲得歐洲最受敬重企業的老闆。

對於巴那維克的恭維是否言過其實？一點也不。這兩人說道：「他是實至名歸。」他們推崇巴那維克的領導氣質、大膽的策略願景、實事求是的風格，以及靈活的組織等傳頌多年的事蹟。

一九九七年一月，巴那維克已經接掌ＡＳＥＡ和艾波比十二年，決定卸下執行長的重責大任，交棒給副執行長葛蘭．林達爾（Goran Lindahl），但依然保有非執行董事（non-executive chairman）的職位。權力移轉過程順利，公司盈餘依然亮麗。

而位在英格蘭亞許里吉管理中心（Ashridge Management Centre）的凱文．巴漢（Kevin Barham）和克勞蒂亞．海默（Claudia Heimer）兩位研究員，撰寫了名為〈管理大師〉（*Mastering Management*）的文章，由《金融時報》刊載有關艾波比的系列報導。兩位作者因為艾波比出色的財務表現，稱讚那是「全球組織的新架構」。並且歸納出艾波比五項成功因素：顧客導向、連貫性、溝通、向心力與聚合。隔年，巴漢和海默全文出版，書名為《艾波比：跳舞的巨人》（*ABB: The dancing Giant*，暫譯）。

該書蒐集數十篇報導文章和個案研究，以及採訪艾波比經理人的第一手資料，厚達三八二頁的巨著，匯集十年來對艾波比讚譽的大成。巴漢和海默尊稱巴那維克是「全球最具影響力的經理人」，推崇艾波比組織架構對於員工的高度授權，並形容艾波比的經理人是「超級人類的新品種」。文章最後，將艾波比和奇異、微軟並列為「公司的奧林帕斯山」

（Corporate Mount Olympus）。言詞之中充滿真誠，毫無嘲諷意味。況且當時的艾波比已經風光十餘年，成功地位無庸置疑。

轉型、脫軌、官司、祕密交易

巴漢和海默的書剛出版不久，艾波比的命運便急轉直下。林達爾和巴那維克決定，逐步擺脫老本行的重工業製造和機電業，開始跨足新領域，其中還包括服務業。當時，管理界所謂「智慧資本」和「無形資產」的觀念蔚然成風，艾波比的領導人表示，他們將轉型成為「知識基礎」的公司。

巴那維克解釋：「艾波比的業務面臨轉型，將擴充以智慧資本為主的高價值事業，專注在軟體、智慧產品和完整服務方案。這是具有優勢的策略。」他形容：「艾波比轉型為知識型公司，將提高價值鏈，除了產品和勞務之外，產生更強大的競爭力。如此一來，艾波比便能擺脫過去受到景氣循環衝擊的影響。」

因此，艾波比再次採取併購策略。只不過這次跨足金融服務業在內的新領域。同時，艾波比也開始脫售之前的核心事業。先前艾波比和戴姆勒克萊斯勒（Daimler Chrysler）共同出資成立的安達公司（Adtranz），以四億七千二百萬美元賣出五〇%的股權，完全退出火車和電車市場。接著，又出售核能燃料事業，然後以旗下電力生產部門和法國阿爾斯通公司（Alsthom）各出資五〇%，成立ＡＢＢ阿爾斯通電力公司（ABB Alsthom Power）。

輿論對於艾波比徹底轉型的觀感如何？有人擔心艾波比偏離核心事業嗎？完全沒有。艾波比的新經營方向獲得大家認同。首先，由於過去累積良好信譽，幾乎沒有人公開質疑艾波比的能力。再者，現行策略和先前的奇異電氣相似，而奇異從製造業跨足金融服務業非常成功。這段期間，艾波比的股價持續上揚：不同於思科狂飆，而是溫和穩健地上升，和牛市的其他公司一樣。但是艾波比的聲譽不只建立在股價而已，公司向來行事大膽積極，把兩家原本死氣沉沉的機電公司，轉型成為新世代的發電機。艾波比依然是同業欽羨的對象，新任執行長依然光芒四射。

一九九九年十一月，林達爾被美國《工業雙週刊》評為年度最佳執行長，成為第一位獲此殊榮的歐洲人，而之前的得獎人包括赫赫有名的傑克．威爾許、路．葛斯納（Lou Gerstner）、麥可．戴爾和比爾．蓋茲（Bill Gates）。《工業雙週刊》推崇林達爾的策略領導、帶領艾波比併購進入新市場，以及出售成熟的事業。

轉型初期一帆風順，一切都按照當初的盤算。不但營業額繼續成長，而且二〇〇〇年中股價創下歷史新高的三十一美元。商學院有關艾波比轉型的個案研究，彷彿艾波比已經大功告成：「進入新的千禧年之際，艾波比的轉型成功，大家有目共睹。二〇〇〇年初，公司淨利較去年成長二四%，達到十六億美元，營業額成長四%，達到二百四十七億美元。分析師一致認為公司前景一片大好。「艾波比不再只是成本的故事，而是一個成長的故事。」一位分析師下了如此註解。

巴漢和海默在《艾波比：跳舞的巨人》一書中預言：「經過辛勤播種，一九九六年後的幾年內，艾波比將會歡呼收割。」由於對公司前景充滿樂觀期待，書中最後結論：「我們期待來自蘇黎士的下一個大驚奇！」

往後幾年的發展的確讓人驚奇，只是和原本期待的不一樣。二〇〇〇年營業額成長趨緩時，敗象已露。二〇〇〇年十一月，林達爾在眾人的錯愕聲中，突然宣布辭職，當時的理由是：交棒給更熟悉資訊產業的人，這對艾波比轉型到知識密集產業非常重要。二〇〇一年一月，新任執行長尤根．山達曼（Jürgen Centerman）走馬上任後立即宣布，將調整艾波比著名的組織架構，今後將以產業和顧客為設計重心，而不是產品。山達曼解釋說，在舊的組織架構下，有時候十幾個單位處理相同的顧客，不但浪費資源，而且顧客也會無所適從。未來新的組織架構將簡單化，並藉此深耕和重要客戶的關係。

儘管立意革新，但仍難挽艾波比的頹勢。二〇〇一年四月公司宣布，因為市場需求疲軟，導致年度營業額下滑六%。媒體開始懷疑，績效惡化才是林達爾突然去職的主因。接著雪上加霜的是，過去的併購案也傳出令人震驚的意外。為了回應證券交易委員會的要求，艾波比公布重大訊息：一九八九年併購的美國企業燃燒工程公司，因為石棉傷害的官司纏身，艾波比必須提撥四億七千萬美元，作為損害賠償準備金。這筆賠償準備金不但使艾波比的信用評等貶落，也讓負債惡化。

艾波比的績效在整個夏季持續下滑，到了二〇〇一年秋季，股價比前一年的高峰下跌七〇%。《華爾街日報》報導：「艾波比從重工業轉行到知識導向的高科技領域，如今利潤下滑，證明是一次失策。」

巴那維克在董事會強大的壓力下，被迫在二〇〇一年十一月辭去艾波比的非執行董事一職，遺缺由公司董事、前德國化工集團赫司特（Hoechst）執行長尤根・多爾曼（Jürgen Dormann）接任。但是，艾波比的績效在隔年依然沒有起色，山達曼於二〇〇二年九月被迫下臺，由多爾曼接任執行長和董事長，並對艾波比的龐大事業體進行總體檢。多爾曼察覺艾波比問題叢生，當機立斷調整公司經營方向。他脫售艾波比的石化工業部門，並把結構性金融部門出售給奇異電氣，取得十五億美元貸款，讓艾波比逃過清算危機。出售這些「非核心」資產之後，艾波比便心無旁騖地經營自動化和電力技術的老本行。

艾波比績效重挫之際，禍不單行，又扯出另一件風波。二〇〇二年初，爆發巴那維克和林達爾獲得一份價值高達一億五千萬美元的祕密退休金交易。這筆交易是在一九九二年，由當時艾波比的聯合董事長，也就是瑞典最顯赫家族的成員彼得・華倫柏格（Peter

Wallenberg）所簽訂，但是董事會成員都被蒙在鼓裡，其他經理人更是一無所知。這筆退休金和艾波比的經營績效連結，而一九九〇年代正是艾波比最風光的時期，所以金額龐大。然而，當巴那維克和林達爾下臺時，艾波比已經今非昔比，而且這筆巨額的退休金，以歐洲來說是前所未聞，引起輿論譁然。

不論是公司內外、瑞典和全歐洲，都對曾被奉為主管典範的兩位，竟有如此貪婪行徑所震懾。最後在強大輿論壓力之下，巴那維克同意退回一億四千八百萬瑞士法朗中的九千萬，而林達爾則交還八千五百萬瑞士法朗中的四千七百萬，但是兩人名譽受損已無可挽回。

二〇〇二年，艾波比的營收毫無起色，虧損六億美元，負債累累，一些分析師猜測已經瀕臨破產。公司市值不到四十億美元，幾乎只剩下高峰時期四百億元的十分之一。二〇〇三年初，艾波比再次試圖調整業務，裁員和出售資產，但石棉官司的龐大債務壓力依舊存在。隔年，在多爾曼和新經營團隊的帶領下，艾波比逐漸擺脫陰霾，正常運作。到了二〇〇四年夏季，營收好轉，也是自前一年淨虧損以來，首度出現獲利。

新任執行長佛瑞德．金德（Fred Kindle）於二〇〇五年秋天上任時，纏訟多年的石棉賠償官司已近尾聲，負債金額並未惡化，算是控制得宜。雖然，公司現在獲利平平，產業需求仍不穩定，但至少已經轉虧為盈了。

從超人變惡棍

艾波比風光時，成為媒體學界爭相研究報導的對象。等到慘澹經營時，依然是研究報導的好素材。艾波比風光得意之日，公司文化被譽為大膽創新，行動力更是成功的關鍵。但是，當成長停滯，美國石棉求償官司纏身時，對艾波比的大膽成長策略卻另有一番解讀。落難的艾波比，被批評為躁進及愚蠢。二〇〇三年，艾波比的董事長多爾曼回憶：「巴那維克進行瘋狂併購時，缺乏焦點。公司欠缺嚴密周延的考量。」

至於艾波比新時代的組織呢？風光的時候，這套複雜的矩陣式組織被捧為成功關鍵，融合全球和在地的完美設計，兼具彈性自主的功能，如今卻被批評得體無完膚。當艾波比績效一落千丈，有位記者寫道：「巴那維克針對龐大業務所設計的分權管理架構，造成各部門間衝突不斷及溝通不良。」艾波比的經理人，曾經對公司的靈活設計讚不絕口，現在卻反過來認為是造成公司混亂衝突的禍首。由於太多的部門、太多的國家和太多的利潤中心，造成「資源重複投資」。讓地方自行決策的結果，造成後勤作業各自為政，共有五百七十六個企業資源規畫系統，六十套薪資系統，以及有六百種以上的軟體程式。所謂資料共享，只是空口說白話。

經理人認為，位於各國的單位之間協調不良，造成惡性競爭。例如，經理人擔心計畫遭到其他國家的經理人竊為己用，於是藏私不願分享。不到幾年前，這原本還被吹捧為後工業時代管理的典範！有趣的是，最近的報導文章，都沒有提到艾波比的組織曾經大幅調整——還是批評以前的組織架構，只不過這回強調的是缺失。

巴那維克的聲望更是從雲端跌到谷底，成為眾矢之的。當艾波比績效屢創新高時，巴那維克是眾人崇拜的偶像，被形容具有超人般的能力。大家推崇他具有領袖魅力、有勇有謀、高瞻遠矚；一旦績效滑落谷底，巴那維克就被評為傲慢自大、蠻橫專制和固執己見。有人說他「在自己周遭築起高牆」、「董事會上表現粗暴無禮」、「獨占資訊的流通」，完全和當初開放坦白的形象背道而馳。媒體指控他「沉迷於收購」，戲稱他是「派西武士」（Percyfal），暗指尋找聖杯的武士，結果白忙一場。有的人則譏諷，巴那維克對威爾許的崇拜近乎走火入魔，一心想要迎頭趕上，和奇異電氣並駕齊驅。

巴那維克本人是否改變了呢？或許吧。歐洲管理學院的凱特・維瑞斯說：「一些飛黃騰達之後的執行長，變得自我陶醉，陷入自戀的惡性循環。」可是，並沒有人提出巴那維克「自戀」的真憑實據，沒有人親眼看見他在浴室裡顧影自憐、花太多時間注重儀表，或是辦公室裡擺滿個人獎項，還是疏於關心艾波比的業務。沒有人具體指出「自戀」會導致什麼惡果？究竟是造成策略錯誤或組織混亂？事實上，回顧過去十五年的相關報導，巴那維克的形象始終如一：膽識過人、坦白直率充滿自信。如今，大家批評他得意忘形，卻是口說無憑，完全是依據公司的績效妄加揣測。勝利者就信心十足，失敗者就自大傲慢。

《財星》雜誌寫道：「巴那維克的聲望蕩然無存，現在面臨另一個無情的打擊：繼任者質疑他過去的豐功偉業。」

巴那維克對於現在的人全盤否定他對艾波比的貢獻，一定感到痛苦萬分，這乃人之常情。《華爾街日報》寫道：「巴那維克對於指控他摧毀公司的報導怒不可遏。」還引述他的話：「我絕不承認自己是胡鬧一場。」被當成代罪羔羊「心情沉痛」。至於燃燒工程公司石棉官司一案，巴那維克仍認為，當時的風險是在可容許的範圍內。「要求十三年前就要預見別人看不到的風險，簡直是強人所難，欲加之罪。」然而，一般人仍然習慣把企業的成敗歸因於特定人士。事實上，我們喜歡故事的主因，除了片段的事實報導之外，還串聯因果關係，是非功過由主角承擔。最扣人心弦的故事，通常都是以人為重心。在風光時刻，我們歌功頌德，塑造英雄；沒落時刻，我們痛加撻伐，捏造惡棍。這些故事成為論斷功過的工具，和追究道義責任的方法。

有關艾波比數十篇的報導文章，只有幾篇不隨波逐流，維持理性客觀的分析。理察・湯姆林森（Richard Tomlinson）和寶拉・耶爾特（Paola Hjelt）在二〇〇二年的《財星》雜誌寫道：「巴那維克從來就不曾像一九九〇年代所描述的那般完美無暇，也不是最近媒體所攻訐的那樣一無可取。自從媒體展開撻伐以來，我們對於巴那維克應該承擔責任的比例，欠缺公允的報導。」這真是精闢的見解，只可惜這種公允客觀的分析只是鳳毛麟角，大多數記者依然故我，都以簡化的故事呈現事實。

曾經備受推崇的巴那維克，如今淪落為傲慢、貪婪和行事乖張的領導人。最後有關艾波比的後續報導出現在二〇〇五年，蘇黎士檢察官對於巴那維克和林達爾的退休金交易官司，給予不起訴處分。檢察官所持的見解是，這兩位主管本身沒有過失，因為這項協議是一九九八年簽定的，當時艾波比還是獲利豐厚的公司，而且完全符合公開原則。只不過傷害已經造成，惡棍的形象也已經根深柢固。誠如巴那維克所說，真是飛來橫禍。

chapter 4

光環四射，如何找出真正的英雄？

淑女和賣花女的差別不在於她們的行為舉止，
而是被對待的方式。

——蕭伯納（George Bernard Shaw）《賣花女》（*Pygmalion*）

第一次世界大戰期間，美國心理學家艾德華．桑代克（Edward Thorndike），針對陸軍官評核部屬的方式進行研究。他要求軍官們根據幾項特質評估部屬，分別是：智能、體能、領導力、個性等。評核結果讓他大感意外。有些士兵在各項評比表現優異，簡直就是「超級士兵」，有些人則是各項目都表現平平。軍官們彷彿認為，一位相貌堂堂，儀表出眾的士兵，應該也是射擊高手，皮鞋擦得雪亮，還很會吹口琴。桑代克把這種現象叫做「光環效應」（Halo Effect）。

光環效應存在有好幾種形式。桑代克觀察到其中一種：一般人往往會憑藉著一般印象，對特定的特質進行評比。大多數人很難獨立衡量多種個別的特性，容易把各項目混為一談。所謂**光環效應是一種心理現象，內心創造和維持一致連貫的印象，以降低認知上的錯亂**。舉例來說：二〇〇一年秋，美國遭受九一一攻擊之後，布希總統整體滿意度大幅上揚。這並不令人意外，因為美國民眾同仇敵愾，團結一心當總統的後盾。在此同時，美國民眾對於布希總統處理經濟問題的滿意度也上升，從四七%提升到六〇%。不論你是否贊同布希的經濟政策，實在難以相信他處理經濟問題的能力，會在九一一之後的短短幾週內大幅改善。但要把這些項目剝離，然後個別看待實在很難：對總統的整體滿意度，也會移轉至對特定政策的滿意度。大眾把光環套在總統頭上，對於評核表的項目都給予較高的評價，畢竟，一般人很難認同總統在國家安全方面表現優異，處理經濟問題卻一塌糊塗——認為兩項都表現優異要容易得多。只不過，水能載舟也能覆舟。

二〇〇五年十月，民眾支持伊拉克戰爭的熱情減退，再加上卡崔娜颶風（Hurricane Katrina）肆虐，布希總統的整體支持度，從二〇〇五年八月的四一%，下滑到三七%；對布希經濟政策的支持度，從八月的三七%下降到十月的三二%；對伊拉克戰爭的支持度，是從三八%下跌到三二%；反恐戰爭的滿意度，則從五四%下跌到四六%。當問及布希是否具備強烈領袖特質時，四五%的美國民眾表示認同，而先前八月份的數字卻高達五四%。每一項個別指標都同步下滑，表示民眾並不是針對個別議題回答，而是基於單一、整體的印象，這就是光環效應。

這類光環效應到處可見。我曾經待過一家公司，服務中心每天都會接到數千通的顧客來電。有時候，顧客的問題可以當場獲得解決，有時則需要客服人員查詢資料後再回覆。當公司在顧客來電後，立刻進行顧客滿意度調查時，問題當場獲得解決的顧客，認為客服人員很專業的比率，高於問題未當場解決的顧客。這是意料中的事，因為我們很自然會把迅速回答和訓練有素的客服人員聯想在一起。但更有趣的是：在問題立刻解決的顧客當中，八五%的人記得電話上獲得「馬上」或「立刻」的回應，而只有四%的人認為等待時間「過長」。同時，問題沒有立刻得到答案的顧客當中，只有三六%的人記得「馬上」或「立刻」得到回覆，而一八%的人則認為等待時間「過長」。事實上，該公司裝置的是自動回覆系統，兩者等待的時間其實相同。然而，由於顧客服務的整體印象創造強烈的光環效應，影響了對於等待時間的認知。

光環效應除了能降低認知混亂之外，還會誘導人們用來推測難以直接評估的事情。我們往往是根據相關、具體且看似客觀的資訊，推論其他較為模糊或不具體的事情。舉例來說，我們不知道某項新產品的品質，但如果是由一家信譽卓著的知名廠商所生產，我們自然而然會認為品質不錯。這就是建立品牌的作用：創造光環效應，讓消費者偏愛公司的產品或服務。另外，再舉一個大家耳熟能詳的光環效應例子——求職面試。一般而言，面試官掌握應徵者最相關和具體的資料是學歷、學業成績和榮譽獎章。因為這些相關、具體和客觀的資訊牢記在心，所以對於應徵者的個人特質，或是應答品質這類較模糊的項目，往往依據既定的印象評比。

例如，若應徵者來自名校、在學成績優異，給人的印象便是聰明伶俐、回答機靈，而且深具發展潛力。同樣的回答，如果出自學歷普通的應徵者，就會顯得不夠機智，類似的外表也會感覺比較平凡。這種現象正是幾十年前，桑代克從軍官和士兵的研究中發現的。

現在回頭看看公司。我們掌握公司最相關和具體的資訊是什麼？當然是財務績效。不論公司盈虧、銷售額成長，或是股價漲跌，財務績效似乎都是最客觀且準確的。正因堅信數字不會說謊，所以安隆、泰科電子（Tyco）等案和近年來爆發的一些醜聞，才會嚴重打擊我們的信心。我們對財務數字深信不疑，自然根據這些績效資料，判斷較不具體和較不客觀的事情。思科和艾波比就是活生生的例子。只要思科業績成長、獲利豐厚、股價屢創新高，經理人、媒體和學界就立刻把一切歸因於傾聽顧客的聲音、凝聚的公司文化，以及高明的策略；一旦泡沫被戳破，這些人士就會見風轉舵，嚴詞批評。這都合情合理，因為那才是首尾相貫的故事。

艾波比也是同樣的情形，當公司營業額和利潤持續上揚時，大家都推崇公司的組織架構、冒險文化，尤其是高階主管的領導才能；一旦績效滑落，各種負面評價紛紛出籠。這也許是新聞界誇大渲染的惡習，但更重要的是，人們往往根據自認可靠的線索，遽下判斷。

商界光環——結果論

財務資訊不是判斷好壞的唯一來源。先後在伊利諾大學（University of Illinois）和加州大學（University of California）任教的巴瑞．史托（Barry Staw）教授，曾經進行一項試驗，請一群人根據一堆財務資料，預測公司未來的銷售額和每股盈餘。之後，史托隨機抽樣一組人，告訴他們預測準確，表現良好；同時告訴另一組人，他們預測錯誤，表現很差。事實上，「表現良好」和「表現差勁」這兩組人的財務計算同樣出色；唯一的差別在於，史托「告訴」他們績效表現的好壞。接著，他請參與者評估自己組別在各項議題的表現。結果揭曉：告知表現良好的一組人，都認為自己這組向心力強、溝通良好、樂於變革，而且士氣高昂；告知表現差勁的一組人，則認為自己這組向心力薄弱、溝通不良，而且士氣低落。史托因此推論，人們習慣把正面的特質給予自認為績效優良的團體，而把負面特質強加在自認績效不好的團體身上。光環效應逐漸發酵。

當然，這些發現並不代表團體的向心力及有效的溝通，對於團體績效毫無幫助。只是提醒我們，如果已經知道結果，就很難要求客觀地評估向心力、溝通或士氣等項目。不論是外部觀察家或當事人，一旦知道結果是好的，就會對決策過程給予正面評價。因為不論是良好溝通、向心力或盡忠職守等項目，都沒有客觀的衡量標準，所以才會根據自認可靠的其他資料判斷。績效是人們論斷一個團體和組織最有用的線索。

有些人質疑史托研究發現的正確性。他們懷疑，讓一群陌生人只聚集三十分鐘，如何準確地掌握工作團體的認知？奧克拉荷馬大學（University of Oklahoma）的寇克・道尼（H. KirK Downey）教授率領一支團隊，使用相同的財務問題，重複史托的試驗。唯一不同的是，這群人先前曾共事一段時期，而且有更充裕的時間計算財務數字。接著，再次隨機告訴這群人其表現的好壞。實驗結果和史托的發現一模一樣。「表現良好」的團隊，自認為所屬團隊具向心力、組員能力強、合作無間、溝通良好、樂於接納新想法，對於團隊的整體表現相當滿意。這兩次都是隨機挑選組員，並告知績效表現。道尼和同事的發現與史托一樣，人們往往根據績效論斷是非功過。

這樣的結果，也許不令人訝異。假想有一組人討論熱烈，勇於發言，甚至爭得面紅耳赤，互起爭執。如果團隊績效表現優異，所有組員回憶過程時，自然會說坦承相對、勇於陳述意見是成功的關鍵。他們也許會說：「大家坦承直率，不會固執己見——這正是成功的原因！我們擁有絕佳的流程！」萬一團隊績效很差呢？組員也許另有一番說辭：「我們爭執不休，互不相讓，搞得團隊烏煙瘴氣。下一次，我們應該遵循一套相互尊重，而且嚴謹的流程。」現在換個場景，有某個團隊冷靜沉著、彬彬有禮，互相尊重。大家輪流發言，言詞溫和。如果績效表現優異，組員就會歸功於良好的氣氛和合作本能。他們會說：「我們彼此尊重，從不爭執。整個流程棒透了！」如果團隊績效欠佳，組員就會說：「我們太謙讓，過於自我壓抑。下一次，大家應該有話直說、敞開心胸，不要太擔心別人的感受！」實際上，任何討論形式都可以產生良好的決策，並沒有所謂「最佳」討論流程。討論過程只要避免極端的作法，都可以收到實質效果。但是，因為我們對於所謂最佳決策流程的定義一無所知，自然會根據其他相關、看似客觀的事情判斷，也就是說，根據最終的績效。

光環罩頂，一天的英雄

光環效應四射，包括我們對組織中個人的評價也難脫其影響。一般認為，公司如果善用人力資源，表現會比較優異，十分吻合奧賴利和菲佛所著《隱藏的價值》裡的論點。這種說法合情合理，公司如果能有效吸引人才、提供良好環境、激發員工的生產力及創意，並激勵員工為共同目標奮鬥努力，相信公司便能表現良好，這是理所當然的事。但是，別忘了光環效應。如果不仔細思考，任何一家成功的公司都可能把功勞歸給人才。

以下就是個明顯的例子。《財星》雜誌在一九八三年，首度刊登美國最受推崇企業（*America's Most Admired Companies*）的調查報告，由ＩＢＭ榮獲此殊榮，並且於第二年蟬聯寶座。執行長約翰．歐寶（John Opel）認為：「ＩＢＭ的強勢在於優秀人才打造一流企業。成功的祕訣就是人才。我們很幸運，有一群工作賣力、合作無間的優秀人才。他們遵循公司的基本信念——我們彼此互勉的標準，不論和同事相處或和外部人士打交道，都遵循這套標準。這也許聽起來像是陳腔濫調，但事實如此，除此之外，其他都不是重點。」

至於ＩＢＭ網羅哪一種人才？歐寶說：「喜歡創新發想的員工，我們這方面人才濟濟。我相信物以類聚，特別網羅和打造符合公司特質的優秀人才。」ＩＢＭ的員工不只優秀，而且隨時提醒自己不要自滿。歐寶下了結論：「公司任何一位員工，如果自以為是、驕矜自滿，將使公司形象嚴重受損。今天的英雄，可能變成明天的狗熊。」

這是一九八四年的觀點，而且言之有裡。歐寶每天上班時，周遭都是一群聰明、有創意，工作勤快的員工，所以自然而然認為優秀人才是ＩＢＭ成功的關鍵。但在同一時期，ＩＢＭ沒能察覺旗下主要產品線——主機電腦系統和小型電腦，已逐漸日常商品化。到了一九八〇年代末，ＩＢＭ的業績一落千丈；到了一九九二年，更是呈現虧損。歐寶的繼任者約翰．艾克斯（John Akers）被迫下臺。至於觀察家如何看待ＩＢＭ慘不忍睹的績效？當然，矛頭指向公司的人才和文化。《華爾街日報》記者保羅．卡洛（Paul Carroll）在《憂鬱的巨人》（*Big Blues: The Unmaking of IBM*）一書中，批評公司「守舊的文化」、「僵化的官僚體制」和「自滿的高階主管」。同樣一批人，在一九八四年備受推崇，如今卻因為這家偉大的公司風光不再，而成為眾矢之的。難道這群人一夕之間作風丕變？應該沒有。還是執行長被這群人所蒙蔽——他們一直都是自大自滿和不知變通？我不這麼認為。當歐寶說周遭都是工作勤快、優秀的人才時，也許是出自真心。而且，這群人也完全符合ＩＢＭ在一九六〇和一九七〇年代的需求。但產業生態巨變，ＩＢＭ沒能跟上腳步，員工只得承擔指責。我們根據眼前的結果論斷是非。

優秀領導人的特質是……

受光環效應影響最大的，莫過於領導力。優秀的領導人，經常被賦予若干重要的特質：清晰的願景、有效的溝通技巧、自信和個人魅力等。大多數人都會同意，這些是傑出領導人的必要條件。但是，如何定義這些特質，則是另一回事，因為這些特質往往因人而異，尤其是會受到公司績效的影響。艾波比公司就是個活生生的例子：當公司業務蒸蒸日上，大家就推崇巴那維克是位有遠見、善於溝通、充滿自信、魅力無窮的領袖；當艾波比公司由盛轉衰，同樣的一個人卻被貶損為傲慢自大、專橫霸道，以及暴躁易怒。當然，也許因為艾波比業績沒有起色，巴那維克承受巨大壓力，因而焦躁不安。如果真是如此，就是倒因為果了——公司績效導致個人形式作風的轉變。雖然這種推論很合理，但不夠深入，因為沒有人證明巴那維克真的有所改變。

美敦力公司（Medtronic）前執行長比爾．喬治（Bill George）在二〇〇三年出版《真誠領導》（*Authentic Leadership*），探討領導力的特質。喬治在書中列舉傑出領導人具備的特質，包括堅忍不拔、清晰願景、誠實正直和品格出眾。具備這些條件，才是真正的領導人。這種說法並不意外，因為所舉的例子都是成功企業。喬治同時列舉了一些失敗的公司，領導人都虛偽不實。沒錯，成功企業的領導人，總是有說不完的優點，而失敗企業的領導人，則不乏可批評的素材。精明的讀者應該追根究柢，成功企業的領導人是否虛偽不實？失敗公司的領導人是否誠實可靠？如果沒有這麼做，很可能就是光環效應作祟。

可想而知，這本書所列舉虛偽不實的領導人，巴那維克也名列其中。喬治詳細敘述巴那維克和林道爾的祕密退休金交易，以及社會大眾的不平之鳴，他說：「現在的艾波比公司處於虧損狀態，現金流失，市值從四百億美元慘跌到四十億。」他斬釘截鐵地推論：巴那維克虛偽不實——祕密退休金交易就是鐵證，正是艾波比績效一蹶不振的原因。當然，艾波比業績屢創新高時，從來沒有人對巴那維克提出質疑。

喬治進一步闡述誠實可靠的領導人特質是：「具有強烈使命感」、「像雷射光般專心克服困難」。微軟的比爾・蓋茲就是典型例子：「他具有強烈使命感，希望利用一套整合軟體統一電腦規格，為此不惜全力對抗美國政府，避免微軟被切割的命運。」我們很容易會在二○○三年稱讚比爾・蓋茲的不屈不撓，因為當時微軟顯然不會被切割。但是兩年前的二○○一年，則是不同的光景。當時微軟被判定掠奪行為有罪（這很難和誠實可靠的領導人聯想在一起），而遭到法官湯馬斯・傑克森（Thomas Penfield Jackson）勒令切割。比爾・蓋茲受到各方嚴厲指責，認為他頑固地與美國政府進行不必要的毀滅性對抗，而其實只需要一些遠見和手腕就可以避免。哈佛商學院教授的大衛・尤菲（David Yoffie）在二○○一年，將蓋茲和英特爾執行長安迪・葛洛夫（Andy Grove）的領導風格進行比較。

當時英特爾也是美國司法部的調查重點，但是他採取截然不同的因應作法。葛洛夫仔細評估英特爾的處境，不承認有非法行為，同時和司法部充分合作，避免一場血淋淋的審判。但是蓋茲堅決不退讓，結果搞得人仰馬翻。尤菲寫道：「今後幾年，微軟將面對美國司法部和十幾州法官有關掠奪式行為的指控，勢必官司纏身，難以脫身。公司的商譽和業務都將陷入泥沼，無法動彈，而且高階主管必將分神憂心，除了覺得難堪，公司前途也堪慮。無論這場官司最終結局如何，微軟的商譽和業務都受到嚴重的傷害。」尤菲認為，執意和政府對抗並不是優秀的領導風格：「即使打贏這場官司，公司還是浪費了資源、無法專注於管理，再加上形象受損，最終仍是輸家。」還有後續發展，就在喬治讚揚比爾・蓋茲的幾個月後，也就是二〇〇四年初，在一場針對微軟的集體訴訟聽證會上，指控微軟「好鬥成性，蠻橫粗暴」，利用威脅和其他「有失公平的伎倆，掠奪技術較差的市場」。

究竟哪個才是比爾．蓋茲的真面目？誠實可靠，還是有勇無謀？我曾經長期研究蓋茲（我早在一九九一年就對蓋茲和微軟進行第一次個案研究，花一週的時間在瑞德蒙園區〔Redmond Campus〕採訪蓋茲、史帝夫．巴爾莫〔Steve Ballmer〕和微軟幾位高階主管），他除了致力改善人類健康的人道使命之外，這幾年來並沒有什麼改變。身為微軟的執行長，蓋茲是位雄心勃勃、強悍難纏、不妥協和不服輸的競爭對手。這種性格能夠被讚揚是聰明、有遠見和真實可靠的領導人嗎？微軟表現好的時候，這類形容詞很貼切。蓋茲是否固執己見或意氣用事，甚至讓公司置身沒有必要的風險？一旦事情不順遂時，這些說法也言之成理。我們判斷領導人的優劣，還是根據公司的績效表現。

這類情形司空見慣。紐約州立大學水牛城分校（SUNY Buffalo）已故的詹姆士．曼鐸（James Meindl）教授，對於領導力有深入嚴謹的研究。經過長期深入研究之後，他認為一旦剝離績效，我們對於所謂有效的領導力，其實沒有令人滿意的理論。我們自認知道優秀領導力的定義：清晰的願景、良好的溝通技巧、慎謀能斷等，但事實上，符合這些標準的行為不勝枚舉。只要找出一家績效突出的公司，就可以列舉負責人的一些正面特質：高瞻遠矚、善於溝通、決策周延和誠實正直。而對於時運不濟或業績下滑的公司，也可以數落領導人的缺點。這讓我想起，一九六四年最高法院有關言論自由及色情的案件。當時大法官波特・史都華（Potter Stewart）對裸露色情無法做出明確定義時，說了一段耐人尋味的話：「看上一眼，我就知道是色情。」傑出的領導力如果缺乏績效做佐證，就難以判斷優劣。領導力似乎比裸露色情更難判斷——至少那部分史都華法官一眼就能辨認。

所有關於領導力的著作，一般人如果欠缺像財務績效等可以明確衡量公司表現的線索，即使親眼看見傑出的領導力，也難以辨認。一旦確認公司績效良好，人們就能信心十足地論斷公司的領導力、文化、顧客導向和人員素質。

左右決策、投資、領導的光環效應

光環效應左右個人對於決策過程、組織員工和領導力的判斷，我們進行大規模的研究，結果相去不遠。相反地，如果研究方法不夠嚴謹，結果可能只是累積眾多的光環效應而已，就像前述布希總統的滿意度一樣。《財星》雜誌刊登年度全球最受推崇企業，ＩＢＭ於一九八三年和一九八四年連續兩年獲此殊榮。《財星》雜誌美年會邀請數千家企業的高階主管和產業分析師，針對數百家企業進行八個項目的評比，分別是：管理品質，產品和服務品質，長期投資的價值，創新能力，財務的健全性，招募、培育和留住優秀人才的能力，對社區和環境的責任，以及善用公司資產。綜合這些答案之後，優勝者出爐——全球最受推崇企業。這項研究可說眾所期待，每年的封面故事更是矚目焦點。幾年來，獲得此殊榮的企業除了IBM之外，還有赫赫有名的奇異電氣、沃爾瑪和戴爾電腦，全都來頭不小。

不過經過深入分析，卻發現《財星》雜誌最受推崇企業的評比，其實嚴重受到光環效應的影響。每家公司八個項目的評分，彼此出現高度相關性，相關程度超過每個項目應有的變異數。再者，許多評分和公司傑出的財務績效密不可分，正如我們之前所料想的。兩項不同的研究顯示，公司的財務績效，大約解釋了整體評比四二%和五三%的變異數。換言之，當公司獲利豐厚、股價上揚時，填寫《財星》雜誌問卷的人，往往會推論公司的產品和服務精良、具創新力、管理完善、能留住人才等。一九九七年，也就是思科成為主流財經媒體寵兒的一年，思科首度出現在最受推崇企業的名單上，名列第十四位。然後聲勢扶搖直上，一九九九年排名第四，二〇〇〇年竄升至第三名。思科在投資價值一項獲得高分並不足為奇——當時股價正在飆漲。但是思科在其他項目一樣獲得高分：管理品質、創新能力、員工素質等。當二〇〇一年高科技泡沫破裂，思科股價重挫，在投資價值一項的評比自然也下跌。由於財務績效光環褪色，不論是創新能力、人才等項目評比都殿後。公司的排名在二〇〇一年滑落到第十五名，二〇〇二年第二十二，二〇〇三年退居第二十八。

《財星》雜誌並不是唯一受到光環效應影響的媒體。《金融時報》最受敬重企業的調查，也難逃光環罩頂。當艾波比一九九六年聲勢如日中天之際，各項評比都名列前茅，包括企業績效、公司策略、激發員工潛能等，而且領導人還因為策略願景和目標明確而備受推崇。這些完全符合光環效應。

還不止於此。有個組織「最佳工作場所機構」（Great Places to Work Institute），在一九八四年推出一本專刊——《美國百大最值得工作的公司》（*The 100 Best Companies to Work for in America*），造成轟動。從此以後，該組織每年都會編撰最佳工作公司指南。《國際前鋒論壇報》（*International Herald Tribune*，編按：二〇一六年更名為《紐約時報國際版》）根據這份調查，宣稱最佳工作場所的公司，擁有較高的績效，並指出一九九八年上榜公司的市場總報酬率（股價加上再投資的股利），往後五年是九．五六%，相對於標準普爾五〇〇指數（S&P 500，簡稱標普五〇〇）的企業，平均只有三．八一%。該報做出明確的推論：營造最佳工作場所的企業，能夠吸引優秀人才、提升公司生產力，並創造高績效。聽起來很有道理。但該組織如何判斷一家公司是不是優良的工作場所？很簡單，直接問員工。他們請員工根據兩項指標，為自己的公司做評比：信任與文化。

信任指標有五個項目：信任度、尊重、公平、榮譽和同事情誼。信任度的問卷內容依序是：「管理階層讓我知道重要的議題和改變」、「這裡的員工受到尊重」。同意的程度愈高，代表信任度愈高，也就是優良的工作場所。有關尊重的問卷內容大致如下：「管理階層讓員工參與影響自身工作或工作環境的決策」、「公司提供專業發展的訓練和培育」。同樣地，同意度愈高，代表愈受尊重，也就是最佳工作場所。這個網站同時蒐集了一些員工的心聲，例如：「這是一家高度信賴和授權的公司，沒有繁瑣規範約束，工作上的需求都可以獲得滿足。團隊領導人經常鼓舞激勵員工。公司舉辦各種課程和活動，兼顧員工生活和工作的平衡。」

乍看之下，這份調查並無不妥之處，但還是擺脫不了光環效應。公司如果賺錢、前景看好、成長迅速，通常都會被認為是最想去上班的地方。再以思科為例，一九九八年第一次上榜時名列第二十五名，一九九九年爬升到第二十三。當思科二〇〇〇年躍升為全球最有價值企業時，排名連續兩年竄升到第三。後來受到裁員和股價重挫的連累，思科的排名也沿路下滑。二〇〇二年跌到第十五名，接著兩年分別是第二十四和二十八名，雖然沒有和績效完全吻合，但相差無幾。難道思科在二〇〇〇年後的工作環境變壞了？如果以員工士氣和發財的機會而言，的確如此。不過這是反映績效的結果，而不是績效變差的原因。如果我們認為《財星》和「最佳工作場所機構」的調查，沒有受到光環效應的影響，就必須相信填寫問卷的人，同樣不受到《商業周刊》、《財星》和其他媒體有關績效的報導所影響。但那似乎是不可能的事。

商業假象一：光環效應

第一章曾提到，為什麼我們對公司績效所知有限？當時的重點在於，為何不容易了解公司經營成敗的原因。事實上，我們對企業的思考存在幾種錯覺，光環效應是其中第一種。包括經理人、記者、學者和顧問專家，都會根據公司績效的好壞，來判斷其他特質。即使像《財星》或最佳工作場所機構所進行的大規模調查，呈現的也不過是放大的光環效應而已。

光環效應只是扭曲我們對企業思考的其中一種錯覺，往後幾章將列舉其他幾種。但是從各方面來看，光環效應是最常見的一種。這種錯誤再三出現，甚至混合其他錯覺而錯上加錯，不僅會降低資訊的品質，也讓我們無法清楚判斷影響公司績效的真正因素。

chapter 5

無所不在的錯覺與盲點

一位著名的統計學家曾經指出，十九世紀的美國因為酒醉被捕人數，和牧師的人數呈現明顯相關性。的確是有明顯相關性，但是我們仍認為兩者人數同時增加之間是完全沒有因果關係的，反而是另一個因素造成：美國人口大幅增加了。

——史蒂芬．古爾德（Stephen Jay Gould），《生命的壯闊》（*Full House: The Spread of Excellence from Plato to Darwin*）

光環效應左右我們對於企業議題的判斷，包括決策流程、人才和領導力等，日常對話內容、報章雜誌媒體都圍繞著光環效應，個案研究和大型調查也難逃其影響。光環效應不是刻意扭曲的結果，而是人性。我們往往對於抽象和模糊的事，傾向根據明顯和似乎客觀的證據做判斷。光環效應強烈四射，人人都想說個精彩動人的故事，也都想出風頭，這就是人性。

光環效應的確影響我們對企業的思考模式，但不是唯一的影響。光環效應是可以事先預防的，如果知道容易受到光環的影響，便能採取預防措施。

舉例來說，要準確評估應徵者，就應該堅持事先不要知道應徵者從哪一所學校畢業——採用標準化測驗或進行盲目訪談。同樣地，受過科學方法訓練的專業學者，在進行研究時若能小心謹慎避免光環效應，也許就可以針對企業最根本的問題：如何產生傑出績效？找到一個滿意的答案。

所幸關於公司績效，現在商學院和顧問公司的研究成效卓著。雖然沒有辦法達到像自然科學那樣嚴謹的標準，但已開始採用準實驗設計法進行嚴謹的研究。這類研究方法，是設法抽離一些變數（自變數）對於既有結果（因變數）的影響。藉著謹慎蒐集的資料，然後以精準的統計方法檢驗假設，研究人員希望經由抽離自變數對因變數的影響，找出驅動公司績效的動因。

首先，最重要的是因變數的資料，也就是公司績效。還好，這不成問題，因為每家上市公司都必須公布營收和盈餘。一些像 Compustat 或 DataStream 這類企業資料庫的資訊齊備，可以找到完整的財務衡量指標（獲利能力或資產報酬率），和市場指標（股票累積報酬率或托賓 q 值〔Tobin's q，也就是資產重置成本與市價的比率〕）。至於尋找績效動因所需的資料，則完全依照想要測試的項目而定。有些假設，例如多角化、研發經費或併購策略，資料庫一樣完備，而且不受光環效應的影響。比較需要慎重處理的部分，是研究公司內部的因素，像是管理的品質、顧客導向的程度，或是公司文化。這時，Compustat 或 DataStream 等資料庫就派不上用場了。就算是彭博有限合夥企業（Bloomberg）強大的線上資料庫，也無法提供哪些公司管理良好、具創新力、誠實正直，或是善盡環境保護責任。這些資料都必須靠研究人員蒐集。

蒐集資料曠日費時，自然會先想到利用其他研究的資料，作為替代之用。只是要注意：如果這些資料受到光環的汙染，寧可不用。若要研究某公司的企業社會責任（Corporate Social Responsibility）是否表現優於其他公司時，我們習慣會找《財星》雜誌最受推崇企業名單上，有關「對社區和環境的責任」一項是否和績效有關（答案同樣是：有）；若要檢測最具創新力公司是否表現優於其他公司時，只要核對《財星》雜誌上創新程度一項，是否和績效有關（答案同樣是：有）。當然有關，因為評估的正是光環的力量。要是捨去二手資料不用，花時間直接蒐集資料呢？這種作法方向正確，但如果蒐集資料的方法不對，依舊會遇上光環的問題。

顧客導向與高績效的關聯

假設現在要檢測顧客導向對績效的影響。從思科的經驗得知，必須小心光環效應。當思科的銷售額和利潤上揚時，被認為是傑出顧客導向的楷模。在泡沫化之前，公司業績鼎盛的二〇〇〇年，思科被譽為「完全顧客導向」，而且錢伯斯是「有史以來最顧客導向的人」。一年後，績效一落千丈，思科就被批評為「對潛在顧客態度傲慢自大」，而且銷售技巧「令人反感」。除非有真憑實據證明思科今非昔比——但從來沒有人提出證明，否則有關思科改變顧客導向一說，完全是基於財務表現惡化的論斷。因此，我們要避免依賴報章雜誌的訊息，要利用不同方法蒐集資料。

華盛頓大學（University of Washington）的約翰．納弗（John Narver），和科羅拉多大學（University of Colorado）的史坦利．史雷特（Stanley Slater）曾進行一項研究，探討顧客導向與公司績效的關連性。所謂績效的定義是事業單位的利潤，這點沒有爭議。但有關顧客導向，他們是請經理人針對六項標準分別為各公司評比，這六項標準是：對顧客整體承諾，創造顧客價值，了解顧客需求，設定顧客滿意度目標，衡量顧客滿意度，以及提供售後服務。事後進行統計檢定後發現，可想而知，績效和顧客導向之間高度相關。這是意料中的事，完全如預期的光環效應。如果要檢定顧客導向和優良績效之間的關係，根本不應該詢問經理人：「公司的顧客導向做得如何？」得到的答案不過是依據績效的判斷。要讓檢定結果具有效性，就必須衡量與績效無關的指標。但這並不意味著，顧客導向和高績效無關──我認為，經過仔細的衡量，顧客導向和高績效多少有點關係。只不過，任何一份正確的研究報告，都應該避免受到光環效應影響。

光環效應如何影響公司文化？

公司文化常被認為是影響企業績效的重要因素。同樣地，對於公司文化的重要性也有各種傳聞逸事。當然，在思科和艾波比身上發生的故事，也出現在其他公司。一九八二年的泰諾（Tylenol）事件，有七個人因為吃下含有氰化物的膠囊致死，雖然死亡事件僅限於芝加哥地區，但是嬌生公司（Johnson & Johnson）還是採取史無前例的作法，將泰諾從全美商店下架。雖然這次的下架行動損失一億美元，卻為嬌生公司贏得各方讚譽。

嬌生公司怎能如此迅速採取果斷的應變措施？執行長詹姆斯．柏克（James E. Burke）說：「企業文化。當泰諾悲劇發生時，是企業文化凝聚大家的向心力。如果沒有企業文化，我們不可能如此有效率地處理這次危機。」按照柏克的說法，嬌生公司有幸依靠強健的企業文化，才能安然度過這次危機。只有嬌生公司的員工認同公司對於顧客的健康、做對的事和坦白正直的經營理念，才能夠採取迅速、協調的行動。

泰諾和嬌生公司的故事確實很吸引人，但是任何事情背後都可能有一篇動人的故事。如果要證明公司文化對企業績效有重大影響，就必須蒐集各家公司資料，並且歸納出類型。哈佛商學院的約翰．科特（John Kotter）和詹姆斯．海斯凱特（James Heskett）曾進行過這類研究，且於一九九二年出版《公司文化與績效》（*Corporate Culture and Performance*，暫譯）一書。科特和海斯凱特對強健公司文化的定義是：「所有的經理人擁有相同的價值觀和做事方法。」這些公司應該擁有「一種風格和一種做事方法，能夠凝聚內部、對共同目標有強烈使命感、士氣昂揚，而且行為一致，不受規範和官僚體系的羈絆。」這是重點——具有強健文化的公司不需要層層規範和教條，因為員工擁有共同的價值觀和做事方法。

科特和海斯凱特首先檢定「強健文化」和高績效的關連性。他們如何衡量「文化的強烈」？衡量公司文化的方法是否能避免光環效應的影響？未必。他們只是要求經理人根據一到五的量表，衡量自己公司文化的強度。當然，結果就是文化強度和績效具有正相關——正如預期的光環效應。但是，故事還沒結束。科特和海斯凱特認為，即使有強健的文化，如果無法「適合」競爭環境，還是難以產生高績效。於是，他們檢定第二項假設：公司文化應該「適合」自己的環境。如何檢定是否「適合」？受訪者根據評分一（非常不適合）到七（非常適合）的量表作答。分析結果顯示，高績效公司的平均是六．一，低績效公司的平均是三·七。這結果符合自我評估的預期，同樣是意料中的事。當績效高時，經理人認為公司文化「適合」環境，一旦績效差，則感覺公司文化和環境格格不入。若結果不是這樣，才叫人大感意外。

科特和海斯凱特進一步了解，如果具有強健的文化很好，可以適合環境的更好，而或許能隨時間調適的最好。但是，要如何衡量文化的適應力？最佳方式便是觀察公司文化長期的演變，同時採用不受光環效應影響的觀察指標，不過那曠日廢時。於是，科特和海斯凱特假設文化適應力和兩件事有密切關係：第一是「領導力」，他們認為，強勢領導的公司應該比較能順應情勢的改變。他們詢問受訪者：「公司文化重視主管領導力的程度高或低？」然後請受訪者以七級的量表作答。高績效公司的平均得分是六分，低績效公司的平均低於四分。答案不出所料，受訪者把成功的企業歸因於傑出領導力。第二個衡量適應力的指標是顧客導向的程度。其理由是，顧客導向的企業傾向迅速調整，績效表現較佳。這種說法不無道理，但如前述，請經理人評估自己公司顧客導向的程度，結果仍難脫光環的籠罩。結果顯示，高績效公司得分平均為六，而低績效公司只有四分。不過因為沒有顧客導向的獨立指標，無從得知究竟是顧客導向導致文化適應力強，進而影響公司績效，還是高績效公司的員工容易認為自己的公司非常顧客導向。從光環效應的角度而言，後者的可能性也很高。

儘管科特和海斯凱特的研究，在邏輯和資料正確性方面有根本上的缺失，但仍然自認為證明了公司文化和績效有因果關係。他們的結論如下：

> 公司文化對於財務績效有重要的影響。我們發現，企業文化如果重視重要的對象（顧客、股東和員工）和各階層主管的領導力，則績效表現遠高於沒有這些特質的公司。比較過去十一年的表現，前者營業額成長六八二％，而後者只有一六六％；前者的員工數增加二八二％，後者只有三六％；前者的股價上揚九〇一％，後者為三六％；而且淨利增加七五六％，後者只有一％。
>
> 注意最後一項比較：同時關心顧客、股東和員工的公司，過去十一年淨利成長七五六％，大幅領先其他沒有做到的公司。除了關心股東報酬之外，如果兼顧其他利害關係人的權益，便可以帶來豐厚的回饋。

注意上述字眼「重要的影響」。這種結論就是科學研究的結果：如果這麼做，結果就會這樣。這項研究的結論讓人印象深刻，也可能是正確的。但是科特和海斯凱特採取的方法有先天的缺陷，使我對結論存疑。

不過基本上，我認為強烈顧客導向會產生優良的績效。在其他條件不變的情況下，企業如果傾聽顧客的聲音、擁有客製化的產品和服務、努力滿足顧客，通常會有比較好的績效表現。但是，不應該直接問受訪者：「你們是顧客導向的公司嗎？」如此得到的答案，必定受到公司績效的影響，往往只是光環效應。衡量是否顧客導向，必須設計一些與績效無關的指標。公司文化也是同樣的情況。當然，員工如果擁有共同的價值觀，工作默契十足，則容易決策明快、合作無間。不過，衡量公司文化的強度、適應力或調適性時，如果只是詢問員工，因為員工對於公司績效已有定見，就容易失去客觀立場。此時，應該觀察的是不受績效左右的特定行動、政策和行為。

商業假象二：關連性與因果關係的錯覺

若要回答企業最根本的問題——**如何達成卓越績效**？答案不言自明：首先要**避免光環效應**。研究員必須蒐集不受績效影響的資料，讓自變數可以獨立解釋一些現象。所幸，有一群優秀的人才，深入思考資料獨立的問題，進行嚴謹周延的研究。但是，即使研究人員刻意避開光環效應的干擾，仍無法明確指出高績效的動因。為什麼？從史蒂芬．古爾德的例子可以得到一些啟示：十九世紀，美國因為酒醉被逮捕的人數和浸信會牧師人數成正比，卻無從判斷當中的因果關係。究竟是酒醉的人數增加，使得社會更關注道德問題，因而增加對牧師的需求，還是牧師增加而使美國人酗酒？或者，兩者毫不相干，而是像整體人口增加等其他因素造成的。如果只是掌握事情的相關性，實在無從判斷因果關係。

根據關連性推論當中的因果關係，是企業研究常犯的錯誤。以員工滿意度及公司績效的關係為例，我們很自然會認為，滿意的員工造就公司的卓越績效。畢竟，滿意的員工，工作較勤快、工時較長，也較在乎如何讓顧客滿意。這種邏輯推論言之有理。但是，衡量員工滿意度時，不能只是問：「你對工作滿意嗎？」因為答案很可能受到光環效應的影響。如果假設觀察一個不受光環效應影響的指標——員工流動率為例，我們會發現和績效有高度相關。接著，挑戰在於找出兩者之間的因果關係。是否員工流動率低，導致公司績效比較好？也許沒錯，因為穩定的員工，或許提供更可靠的顧客服務，花在招募和訓練新進員工的時間也較少。或者是，公司績效卓越降低了員工流動率？這也可能正確，因為賺錢又成長的公司，能提供獎勵和優渥的環境以及成長機會。**經理人必須要分辨得出前因後果，才能決定將資源放在提升滿意度或其他目標上，做出最合理的配置**。

假設，現在要研究員工教育訓練對公司績效的影響。首先要挑選不受到績效光環效應影響的指標，像是訓練總費用、每位員工訓練天數、教育訓練的機會等。如果，結論是教育訓練經費愈多的公司，績效愈高。該如何解讀這種結果？能夠就此推論在職訓練能夠導致高績效嗎？未必，因為賺錢的公司可能才有較充裕的資金投資教育訓練。只要蒐集的資料是某一個時間點——橫切面，便無從判斷因果關係。心理學家愛德溫・洛克（Edwin Locker）曾強調這一點：「研究相關性也許有助於找出可能的因果假設，但這並不是科學的方法。相關性本身毫無意義。」

或許有人認為，顧問公司比較能夠區分相關性和因果關係的差別。其實不盡然，著名的貝恩企管顧問公司，二〇〇六年在公司網站上宣稱：「貝恩的客戶優於股市整體表現的四倍。」根據一九八〇到二〇〇四年的圖表顯示，名列標普五〇〇裡的企業，股價上升約十五倍，而貝恩客戶的成長約是六十倍——市場成長率的四倍。這無非想告訴我們，經過貝恩調教的公司，能夠產生卓越績效。

但是，這種說法犯了兩個重大錯誤：第一，正如某位貝恩發言人所說，這些是貝恩客戶從以前到現在的資料，用來和標普指數每季表現進行比較的結果。過去二十五年間，兩者有四〇〇%的差距，如果以一百季計算，平均每季相差距略高於一%——一．四%。換言之，並不是說這數字不重要，而是績效若要優於對手四倍，必須連續二十五年中每季都能領先這個差距。然而，一般顧問公司的歷史不過數年，很少有二十五年以上的，所以這種績效差距有誇大之嫌。第二個缺點，也是現在討論的重點，貝恩公司充其量不過是表達一種相關性，並不是因果關係。即使貝恩公司客戶每季的績效表現優於市場平均一%以上，是否就代表接受貝恩公司的教導就能產生高績效？這只是推測，或許是真的。有沒有可能只有賺錢的企業才付得起貝恩的顧問費。這再次顯示，單純的相關性透露的訊息十分有限。

提升解釋因果關係的能力，必須蒐集不同時期的資料，才可以明確剝離某種變數對於後續結果的影響。這種稱為**縱切面觀察法**，雖然曠日費時、費用昂貴，但比較能避免從簡單的關連性推論出因果關係的錯誤。例如：透過這種方法，能夠觀察顧問公司當時的建議，是否提高往後幾期的績效。

馬里蘭大學（University of Maryland）教授班傑明・史耐德（Benjamin Schneider）和同事近期提出一份研究，利用縱切面方法檢視員工滿意度和公司績效，企圖找出兩者之間的因果關係。他們蒐集好幾年的資料，同時觀察滿意度和公司績效的變化。結果發現，以資產報酬率、每股盈餘衡量的財務績效指標，對於員工滿意度影響的程度，遠大於員工滿意度對績效的影響。這似乎顯示，一支優秀團隊是員工滿意度的重要原因，而高滿意度員工對公司績效的幫助則很有限。史耐德如何抽絲剝繭，找出兩者的因果關係？**蒐集長期的資料**。當然，根據某一時間點蒐集的資料，比較容易做出因果關係的假設。但是，那會產生錯覺。

商業假象三：單一解釋的錯覺

受過嚴謹研究方法訓練的人，應該知道要避免資料來源受到光環效應的影響。相關性和因果關係也要謹慎處理：從橫切面資料推論因果關係是很危險的。不過即使研究公司績效時，小心翼翼避開這兩個問題，仍難免遇上另一棘手的問題，也就是單一解釋。

回到顧客導向的問題。我們知道衡量顧客導向時，不能只問：「你們是顧客導向的公司嗎？」因為答案會受到光環效應的影響，但學者仍想盡辦法克服。亞利桑那大學（University of Arizona）的伯納德・賈沃斯基（Bernard Jaworski），和德州大學奧斯汀分校（University of Texas-Austin）的亞傑・柯立（Ajay Kohli），進行了市場導向和績效兩者的相關性研究。他們以三個要素定義市場導向，分別是——市場情報的產生、市場情報的散播，以及事業單位對市場情報的反應，然後請受訪者評估三十二項獨立的問題。大多數問題都不是單憑認知，而是需要客觀事實根據才能回答。這是方法上的一大進步。例如受訪者被問到，是否每年至少進行一次末端使用者調查，以評估產品和服務的品質。我們可以假定這是得以客觀衡量，不會被績效左右的指標。受訪者也被問道：「是否定期將顧客滿意度調查結果，傳遞到事業單位的每一個層級？」不論答案是肯定或否定，這種評比方式都可以避開光環效應。

賈沃斯基和柯立蒐集三種不同競爭環境的公司樣本：市場波動、競爭程度和技術波動。他們藉此比較不同環境的結果，並且判斷市場導向和公司績效，兩者間的關係是否可以用像市場波動或競爭程度等因素說明。研究後發現，市場導向和高績效呈現高度相關。以統計術語來說，效果顯著。換言之，這不是偶然產生的結果，而是必然的結果。模型的 r^2 值是〇・二五，也就是可以解釋公司績效二五％的變異性。這結果讓人滿意極了！作者信心滿滿地說：「這項研究證實，市場導向是企業績效的決定性因素，不論是在市場波動、競爭激烈，或是技術波動的環境都一樣。」根據研究結論，市場導向做得好的企業，有較傑出的績效。雖然，結論並未宣稱市場導向是決勝關鍵，但指出這個模型解釋了整體績效二五％的變異性，已是很有說服力的數據。他們因此斬釘截鐵地告訴經理人：「就結果來說，公司經理人應該致力於提升公司市場導向的能力，以創造卓越的績效。」

暫且把此議題擺一邊，先討論另一個當今熱門的話題：企業社會責任。這種觀念主要是強調，企業除了賺錢之外，還應該關注利害關係人的權益——社區、環境、員工和社會。這種論調很有道理，但能否印證善盡社會責任的企業，就可以產生更好的績效？我們不能單靠簡單的關連性，就判斷出彼此的因果關係。因為企業恪盡環保責任、產品安全性高，以及熱心參與社區公益，也許能帶來高績效，但反過來也有可能，因為卓越的企業更有餘裕履行應盡的社會責任。

德拉瓦大學（University of Delaware）的貝爾納黛特．羅夫（Bernadette Ruf）和四位同事，蒐集高達四百八十八家企業的資料為樣本，研究企業社會責任對企業績效的影響。他們並沒有問經理人：「公司履行企業社會責任的程度是高還是低？」而是根據獨立資料群，從八個面向衡量企業社會責任——這是降低光環效應的好方法。羅夫和同事為了避免混淆相關性和因果關係，因而蒐集了長達三年的資料。經由這種方式，觀察企業於某一年改善企業社會責任之後，對於往後幾年績效的影響。同時，他們也控制產業和企業規模的變數。到目前為止，整個研究過程十分嚴謹，毫無瑕疵。經過模型的檢驗結果，企業提高社會責任後，第二年公司的營業額提高，第三年利潤增加。而且，結果具有統計上的顯著性，資產報酬的 r^2 值是〇．四一五，銷售報酬是〇．四二五。這是驚人的發現——公司財務績效的變動中，有四〇％以上和企業社會責任息息相關！作者信心十足地表示：「這項研究顯示，提升企業社會責任，對於財務績效有立即性和持續性的影響。」

先別急著下結論。如果市場導向能解釋企業績效的二五％。企業社會責任解釋四〇％，是否表示兩者總共解釋了六五％？這些個別效果是否可以加總？或者是，善於市場導向的企業，同時善盡企業公民的責任？這點很重要。因為如果這是相輔相成的效果，就不能說賈沃斯基和柯立的觀察只是單獨受到市場導向的影響，也不能斷定羅夫發現的績效提升，完全歸功於企業社會責任。也許他們都只是在說明同一件事，而每一個研究個案的解釋能力都被誇大了。（的確，根據《經濟學人》二〇〇五年的調查，許多善盡社會責任的企業，其實是善盡「良好管理」，只不過是作法上被認為在盡企業社會責任。）

再看看另一項研究。羅格斯大學（Rutgers University）的馬克．胡斯里（Mark Huselid），和紐約大學（New York University）的蘇珊．傑克森（Susan Jackson）與藍道爾．舒勒（Randall Schuler），共同研究企業人力資源管理（Human Resource Management，HRM）能

力對於績效的影響。他們請經理人針對四十幾項人力資源管理的問題作答。而且在題目設計上盡可能降低光環效應，同時拉長研究期間，以避免混淆關連性和因果關係。再者，他們也控制企業規模、資本密集程度、工會勢力、業績成長和研發密集程度等變數。研究結果發現，人力資源管理和公司績效密不可分，而且每提升人力資源管理效能一個標準差，就會增加業績五％，提升現金流量一六％，以及股價上升六％。作者強調：「整體而言，這些數字顯示，有效的人力資源管理，對企業的三項績效有明顯影響。此外，這項研究解決多年的爭議——人力資源的投資，確實可以創造潛在競爭優勢。」

但是，績效的提升真的完全肇因於人力資源管理，而與市場導向和企業社會責任完全無關嗎？若真如此的話，那些專心於市場導向和善盡企業社會責任，因而績效突出的企業，是否在提升人力資源管理能力之後，業績還能更上一層樓？或者，績效是這幾個因素相輔相成的結果？後者的可能性較高。事實上，關心顧客和廣大社區的企業，應該也會重視員工權益。而在羅夫和同事進行人力資源管理研究時，員工又是重要利害關係人之一。因此，市場導向、企業社會責任和人力資源管理，很可能彼此交互影響，並提升績效。

再以領導力來說明此問題的普遍性。通常，我們認為公司的執行長，身繫公司績效表現的重責大任。當然，這種說法再合理不過。商場上經常看到新執行長上任後銳意革新，推升業績；但是，新官上任卻讓公司一敗塗地也不乏先例。有項研究針對執行長對於績效的影響，追蹤企業更換領導人前後績效的變化。因為，企業績效和執行長任期都是公開的資料，所以在自我評估或是認知上，不致於受到績效光環效應的影響。研究結果顯示，執行長的優劣，足以解釋公司績效總變異數的一五％。其中一位研究者說：「換言之，選擇執行長無比重要。」

結論鏗鏘有力。不過這一五％的解釋能力，是否為改善顧客導向、企業社會責任和人力資源管理增加額外的效果？或者，領導力的效果是和其他因素重疊加乘的結果？新執行長很可能只是更換名牌，換間大辦公室，而無所事事；也可能銳意革新，諸如重新設定業務目標、調整目標市場，或是全盤更新人力資源管理方式等，種種措施都可能提升企業文化。因此，如果把績效的提升全部歸功給執行長，顯然過於誇大執行長帶來的成效。

這些問題的癥結在於：任何有關企業績效的研究，通常只觀察單一因素，忽略其他部分。如果是無關績效的因素則無所謂，但從常理判斷，一家公司的績效應該同時受到各種因素的影響。而且，如果某個項目表現傑出，其他項目應該也可圈可點。有時候，研究人員也會承認這一點。

前面提到的胡斯里，和紐約州立大學水牛城分校的布萊恩．貝克（Brian Becker）一同撰寫論文強調，雖然盡量準確衡量人力資源管理制度對企業績效的影響，但仍然「忽略了一些企業特質的影響，像是行銷活動的品質或製造生產的策略，這些都可能預估人力資源策略對企業績效影響的誤差。」他們很謹慎地說：「這篇論文最大的疑慮，在於沒有考慮其他和人力資源策略有正相關因素的影響。採取這種人力資源政策的企業，可能本身就是傑出企業，不然就是各方面都管理得當的優良企業。」完全正確。他們最後的結論是：「從企業相關的媒體報導中可以了解，企業的聲譽是建立在各種彼此相輔相成的管理實務上。」

難怪我們不容易找出企業績效的成長動因。即使小心翼翼地避開光環效應，採用縱切面研究方法，還是無法得到圓滿的解釋。企業績效的動因錯綜複雜，很難認定特定單一因素的貢獻。即使我們試著控制公司外部變數，像是環境波動、競爭強度，以及產業和企業的規模等，但對企業內部的變數，還是沒辦法加以控制。

一般的研究，並不會注意不同政策間的相互影響。通常只有在結語裡說明研究限制時，才輕描淡寫提到或根本略而不談，胡斯里和貝克的研究則是個例外。為什麼會如此？因為如果提到研究限制，會移轉讀者的焦點，降低論文的說服力，因而忽略研究人員苦心證明某種變數對於公司績效的影響。許多學者都想證明強而有力的因果關係，像是領導力、人力資源管理和顧客導向的優劣程度，與公司績效呈現強烈的正相關。讀者也喜歡鏗鏘有力的結論，不想看到結論是含混不清、有附帶條件，或是有爭議性的。此外，還有一個盤根錯節的複雜問題。哈佛大學心理學家史蒂芬．品克（Stephen Pinker）觀察，大學各科系常受限於自己的專業，存有門戶之見。有些重要議題牽涉的知識領域很廣，必須綜合考量。例如，研究決策過程就牽涉心理學、社會學和經濟學等層面；研究企業績效，同樣涵蓋不同面向。然而，研究者通常只專精一、兩個領域：如果是行銷學教授，自然關心市場導向和顧客導向的效果，藉以證明自己專業的重要，這是人之常情；研究人力資源管理或商業倫理的學者，也會以自己的專業為著眼點。大家都認為，沒有必要多此一舉探索和其他因素之間的關係，最好是眼不見為淨。

至於，經常刊登這些文章的媒體記者，為保持公正客觀的立場，都採用「雙盲」（double-blind）的檢視流程，也就是編輯和作者都不知道彼此姓名的方式。只不過，《人力資源管理期刊》（*Journal of Human Resource Management*）的讀者，一定深信人力資源管理無比重要——因為這是他們專業領域，或是所屬的科系。對於強調人力資源管理重要性的文章，自然樂觀其成。《商業倫理期刊》（*Journal of Business Ethics*）也是相同的狀況——大家樂見提升社會責任投資的企業，能夠增加業績，藉以證明自己的價值。誰又能苛責《行銷期刊》（*Journal of Marketing*）強調市場導向對績效的重要性？如果要發表行銷導向本身影響不大的言論，必定需要過人的勇氣。當然，這種自吹自擂的現象，不僅限於學術界，媒體報導也司空見慣。例如，前述強調最佳工作場所對績效的貢獻，就是活生生的例子。主張愈鮮明，愈容易上頭條新聞——也更容易忽略其他因素的效果。

最後，再舉一份具前瞻性的研究。波士頓大學（Boston University）的安妮塔・麥格漢

（Anita McGahan）和哈佛商學院的麥可．波特（Michael Porter）正準備開始研究，事業單位的利潤和所屬產業、企業本身及經營方式的相關性。其中最後一項稱之為個別部門效果（segment- specific effects），剛好涵蓋本章所有討論的議題——企業的顧客導向、公司文化、人力資源管理制度及社會責任等。麥格漢和波特蒐集一九八一到一九九四年間，數千家美國企業的資料，發現「個別部門效果」只能夠解釋事業單位績效的三二%，其餘則是產業或公司特性帶來的效應，或是根本無從解釋。所以，也許上述幾份研究結論完全正確！只是，我懷疑當中有重疊效應——每一項研究都是解釋這三二%的績效，卻都宣稱自己剝離出績效的單一動因。事實上，全都是單一解釋的錯覺在作祟。

chapter 6

商業造神！高績效真相

我們經常躺在地上，仰望繁星點點夜空，討論星星究竟是製造出來的還是天然的。吉姆認為是製造的，我則認為是天然的，因為製造這麼多星星得花太多時間。吉姆說，星星都是月亮孵出來的。聽起來有點道理，所以就不再和他爭辯，因為我親眼看過青蛙下蛋，月亮應該也可以。我們還經常看著劃過天際的流星，吉姆認為那些都是從窩裡被丟棄的壞蛋。

——馬克．吐溫，《頑童流浪記》（*The Adventures of Huckleberry Finn*）

湯姆．彼得斯和鮑伯．華特曼（Bob Waterman）任職於美國知名的麥肯錫管理顧問公司（McKinsey & Co.），兩人於一九八二年出版的《追求卓越》（*In Search of Excellence: Lessons from America's Best-Run Companies*），在全球熱賣狂銷歷久不衰，是第一本暢銷商管書。這本書不但造成轟動，更顛覆許多傳統觀念，堪稱經典著作。時至今日，我們應該從光環效應和其他經營錯覺的角度，重新檢驗書中內容。說也奇怪，雖然《追求卓越》內容有許多缺點，卻依然屹立不搖。事實上，該書廣受歡迎的原因在於淺顯易懂，後來的一些研究不但艱澀深奧，立論也愈來愈標新立異，我們在稍後的章節會談到。

《追求卓越》一書的構想，可以追溯到一九七七年。當時，麥肯錫原本的研究主要針對組織架構，後來延伸到管理制度和技能，最後成為研究卓越管理的專案。彼得斯和華特曼先提出一個普遍性的問題：為什麼有些公司的表現比較成功？他們採用嚴謹流程過濾篩選，最初挑選六十二家美國的頂尖企業，經過再次精挑細選，最後有四十三家企業脫穎而出。這些都是萬中選一的美國企業翹楚：包括波音（Boeing）、開拓重工（Caterpillar）、達美航空（Delta Airlines）、迪吉多電腦（Digital Equipment）、艾默生電氣（Emerson Electric）、福陸工程（Fluor）、惠普科技、IBM、嬌生公司、麥當勞（McDonald's）、寶僑和 3M。彼得斯和華特曼為探索這些企業的成功之道，採訪許多員工並蒐集大量資料。據他們的說法：「我們完成採訪和研究後，開始過濾篩選、整理歸類。歷時約半年所歸納出的一些結論，就是這本書的骨幹架構。」整個研究過程十分嚴謹，不但按部就班、符合邏輯，而且客觀公正，絕不敷衍草率，也沒有投機取巧。

這段話出現在一九八二年版的序言。近二十年後，彼得斯卻另有一番說法。他在二〇〇一年的《快公司》(*Fast Company*)雜誌，刊登一篇文章名為〈彼得斯的真誠告白〉。文中寫道：

> 我過去總是慎重其事述說這段往事——完全是一派胡言。我當時的說法是：「當時面對製造精良汽車的日本，美國節節敗退，毫無招架之力。所以，華特曼和我想要挖掘出經營致勝的祕訣。」通常，我述說這版本的故事時，總是刻意以莊重的口氣，讓大家認為我們在從事一項重大的研究。
>
> 其實根本就是錯誤的。

真相是什麼?據彼得斯回憶，當初的提案並沒有獲得麥肯錫公司重視，被認為是雕蟲小技，不過是策略研究的枝微末節。至於研究方法：「沒有嚴謹的規畫，連研究方向也沒有個譜。」其實，他們到處向麥肯錫的同事打聽：「有沒有哪家公司正在做什麼了不起的事?下一步要做什麼?」之後訪談傑出的學者、經理人及「聰明出色的一流員工」。他們四處搜尋，不停發問，然後把訪談結果歸納成幾項傑出企業共同的特質。

不久之後，彼得斯和華特曼受西門子公司(Siemens)之邀，針對管理高層簡報研究結果。報告內容長篇累牘，鉅細靡遺，總共超過七百張投影片，廣受好評。不久，彼得斯又受邀到百事可樂（PepsiCo）進行相同的演講。當時百事可樂的負責人是實事求是的安卓·皮爾森（Andrall Pearson）。（幾年後，我和他在哈佛商學院授課，他得意地展示牆上《財星》雜誌一九八〇年的一篇文章，文中稱他是美國十大最強悍經理人之一。）彼得斯回憶道：「我知道他一看到七百多張投影片，就會滔滔不絕地發表長篇大論。」時間一分一秒過去，彼得斯坐在椅子上，閉目沉思。接著又說：「我在筆記本上寄下八件事，沿用至今絲毫沒變，成為追求卓越八原則的骨幹。」

追求卓越的八大祕訣……

行動導向——凡事付諸行動，不是針對問題週而復始的研究、分析、報告，流於空談。

貼近顧客——了解客戶的偏好，迎合顧客需求。

自治和企業精神——把公司拆解成幾個小型的單位，鼓勵員工們獨立思考，並且彼此保持競爭。

激發員工生產力——讓員工深刻體認，盡忠職守是本分，大家共享公司成功的果實。

親自參與，價值導向——高階主管一定要參與公司的基本業務。

堅守本業——堅守企業最擅長的業務。

簡化組織，精簡人事——縮減管理層級，減少高階主管人數。

寬嚴並濟——培養遵守公司核心價值的氛圍，並對認同這些價值的員工有適當的容忍。

以當時的時空背景，《追求卓越》一書具有振聾發聵的作用。傳統的經營理念，強調命令控制式管理、掌握時間和行動的準確性，以及員工要像是運轉順暢機器的零件，而《追求卓越》顛覆了這種想法。回顧《追求卓越》所提的客戶、價值觀、員工、專注，和第五章提到企業績效的動因完全雷同：關心顧客、擁有強烈的價值觀、創造讓員工有發展前景的文化，對員工授權以及專注於本業。我們很難分辨文化、領導力或顧客導向等個別因素對企業績效的影響，因為這些項目環環相扣，而且誠如彼得斯和華特曼所述：卓越的企業面面俱到、沒有偏頗。這正是這些公司出類拔萃的原因！頂尖企業不會只專注一、兩個項目，而是均衡發展！成功的祕訣無法速成，必須全心全力做好管理的每一個細節。彼得斯和華特曼這麼說：「在我們看來，許多經理人捨本逐末，忽略基本功夫：行動迅速、服務顧客、務實創新，最重要的是員工的承諾和決心，否則一切只是空談。」《追求卓越》一書只不過再次強調良好管理的基本原則。

他們的研究方法是否嚴謹？彼得斯在二〇〇一年坦承，他們是先找到結論，在進行大規模的資料分析。他解釋道：「麥肯錫畢竟不是浪得虛名，我們必須提出衡量績效的量化數據。」那麼，之前的結論是如何產生的？是經過去蕪存菁，把數百頁的訪談資料歸納成八項原則嗎？其實不是。彼得斯說：「坦白說，我們捏造資料。」

我不明白所謂捏造資料所指為何，但我認為資料根本不需要捏造：因為訪問經理人的看法，或是引用像《商業周刊》、《財星》、《富比世》和《工業雙週刊》這類媒體誇大的報導，這些資料很可能一開始就受到光環效應的汙染。我們很自然地認為，卓越的企業一定擅長管理員工、願意傾聽顧客的聲音，以及具有強烈的價值觀或優良的企業文化，這在前幾章已經提過。如果發現這四十三家績效卓越的企業，都具有這些相同的特質，實在不足為奇。各種讚美會隨成功的企業而來，包括策略明確、組織完善、強健的企業文化，以及顧客導向。但是，這些特質是推升公司績效的動因，亦或只是根據績效結果歸納的特徵，那是完全不同的兩回事。彼得斯和華特曼苦思追求卓越的祕訣，到頭來卻只是發現光環而已。

當時，這些細節無關出版宏旨。《追求卓越》於一九八二年出版，適逢美國企業面對日本公司的崛起而憂心忡忡。大家開豐田和本田（Honda）的汽車，用尼康（Nikon）、佳能（Canon）和奧林巴斯（Olympus）的相機，看索尼（Sony）、東芝（Toshiba）和夏普（Sharp）的電視，「日本製」已成為品質的代名詞。哈佛大學教授傅高義（Ezra Vogel）則宣稱日本經濟實力全球第一——一級棒！書店書架上也擺滿像《日本的管理藝術》（*The Art of Japanese Management*）這類書籍。而面對外來衝擊的時代，彼得斯和華特曼這本書的標題十分醒目：「美國管理藝術——成就非凡！」推出時機恰到好處，彷彿一劑起死回生的強心針。喪失自信的美國經理人，對這本書愛不釋手。

這本書引經據典、合情合理，就像一陣及時雨，不只振奮人心，甚至能激起愛國意識。狂銷熱賣之餘，還雄據暢銷書榜首達數月之久。當時如「堅守本業」、「走動管理」和「寬嚴並濟」等詞彙，成為企業界的流行術語。彼得斯和華特曼，搖身成為第一代管理大師，演講邀約不斷，還舉辦研討會，為數千名經理人傳授成功祕訣。由於該書風靡全球，他們在一九八二年的身價水漲船高，儼然是世界之尊。

失敗的種子早已埋下？

《追求卓越》造成轟動的原因，在於不只是描述症狀，還有醫療處方。封面寫著：「學習美國頂尖企業如何運用八項原則，保持顛峰！」弦外之音是，只要依樣畫葫蘆，成功便是囊中物。這是科學的真諦：如果這麼做，就會產生這樣的結果。不過，並非每個人從此過著幸福快樂的日子。一九八四年，美國《商業周刊》名為〈誰仍然卓越？〉的後續報導指出，根據統計，不到兩年前還受到彼得斯和華特曼稱讚的十四家公司，已經「光芒盡褪」。許多公司「因為嚴重的企業問題、管理不當等因素，盈餘大幅滑落。」其他公司勉強維持「卓越企業」的名聲，但是「連串失策而風光不再」。到底出了什麼紕漏？

《商業周刊》批評，有些公司改弦更張，捨去勝利方程式：「一些人偏離早期賴以成功的原則，行事莽撞、不守本分。」這些企業沒有堅守本業！有些公司墨守成規而備受譴責：「這十四家搖搖欲墜的企業當中，有十二家沒有順應市場潮流徹底改變，因而沒落。」《商業周刊》最後拉高分貝：「一些卓越企業誤入歧途，偏重某些特質，卻忽略其他部分，沒有做到均衡發展。」為便於讀者了解這些原本盛極一時企業的沒落，還以圖文並茂的方式，指出每一家企業所違反的「卓越八戒律」。

為了追根究柢，我特地到 Compustat 資料庫，搜尋這些卓越企業一九八〇年以後表現如何的資料，比較三十五家卓越企業和標普五〇〇中的企業股東報酬率，並分別計算研究結束後五年和十年間的差異，也就是一九八〇到一九八四年，以及一九八〇到一九八九年兩個區間。（因為有些屬於私人持股公司或大型企業旗下的事業部門，有的則是一九八四和一九八九年並未公開上市，所以只能掌握其中三十五家的資料。）結果差強人意，一九八〇到一九八四年間，標普五〇〇中的企業成長九九%，幾乎是一倍，而卓越企業只有十二家的表現優於整體市場，其他二十三家的表現則落後。

有些企業表現讓人刮目相看（沃爾瑪百貨五年間成長八〇〇%），而一些知名企業，像是開拓重工、迪吉多、杜邦（DuPont）、嬌生公司和迪士尼，甚至還低於市場平均水準。

投資人當初如果選擇投資市場指數，獲利反而比投資這些卓越企業高。當時間拉長到十年，結果仍大同小異：只有十三家企業表現優於市場成長的四〇三%，其他十八家則落後市場表現。這些企業大多數的表現連平平都談不上，遑論卓越。

這種績效大幅下滑的現象，也許原因很單純：股市反映投資人的預期心理。如果某家公司的股價一路飆漲，本益比超過四〇或八〇以上，就像之前的思科，或是二〇〇六年Google的股價。之後，要是這家企業持續表現平穩，盈餘也符合預期，股價則可能維持平盤，因為盈餘已經事先反映在股價上。因此，雖然企業營運正常，往後幾年的股價卻可能低於市場表現。以微軟為例：二〇〇一到二〇〇五年間，微軟的營收和盈餘成長超過五〇%，股價卻只有小幅波動，因為早已經反映在一九九〇年代的飆漲。或許，卓越企業的狀況也一樣：這些卓越企業的股價在一九七〇年代飆升，而往後幾年股價下滑，與其說是績效衰退，倒不如說是先前股價早就反映過投資人的樂觀期待。

為了排除預期因素，我採用獲利能力來衡量績效：營運收入占總資產的比率。從Compustat資料庫中，發現研究結束後的五年間，三十五家卓越企業當中，有三十家的獲利能力呈現幅度大小不一的衰退，只有五家的績效提升。這些結果顯示，彼得斯和華特曼所挑選的卓越企業沒有下滑的原因，反而純粹是因為不符合市場預期！事實上，這些因為績效突出而中選的卓越企業，在研究結束後的幾年間，獲利是呈現衰退的。

如何解釋這種績效衰退的現象？彼得斯在一九八四年被問到這個問題時，他回答：「我們不可能期待這些企業的表現歷久不衰。」當然，本來就沒有人期待這些企業的績效能夠「歷久不衰」。如果只是小幅衰退，那是很自然的現象。但是，我們總會期待至少維持幾年的「卓越」表現吧！而且，當初信心十足宣稱發現成功祕訣，對於失敗的原因至少也要提出說明。這是一體兩面的問題，彼得斯和華特曼不應該聲稱，所提出的原則只適用解釋卓越的績效，而對於績效變差卻視若無睹。

到底是怎麼回事？第一個原因，所謂卓越企業可能一開始便是虛有其名。誠如《商業周刊》一九八四年的文章所質疑：也許彼得斯和華特曼沒有選出真正卓越的企業。但這種說法站不住腳，因為除了一九八〇年代初期曇花一現的雅達利（Atari）之外，其他卓越企業禁得起任何檢驗標準，絕對當之無愧。第二種解釋，這些企業改弦易轍，捨棄原先致勝作法，以至於每況愈下。他們也許捨棄原先賴以揚名立萬的作法，或是喪失鬥志，還是志得意滿招致失敗。這種成功本身埋下失敗種子的說法，的確是精彩故事的好題材，也是《商業周刊》的主要見解。

當然，如果當初把卓越績效歸因於高瞻遠矚、英明領導和明確聚焦，一旦績效變差，自然會認定是相同的因素出了錯。事後，把績效差歸咎於政策錯誤或管理怠惰，總是比較容易些。當我們指責這些企業自作自受時，似乎才符合公平正義原則。當然，有些企業的確咎由自取，但畢竟只是少數。更讓人納悶的是，這麼多家的卓越企業，竟然在短時間內就喪失光芒：三分之二的企業落後市場績效，三十五家企業中有三十家生產力下降。當初，這些企業因為強烈的價值觀、紀律、文化和專注，脫穎而出成為卓越企業，不太可能迅速沒落。是驕傲自滿？還是自我膨脹？也許都不是。（我甚至有個奇怪的念頭，這些企業可能因為獲選為卓越企業，才變得自大自滿。要是這樣，彼得斯和華特曼可就罪過了。）可能的情況是，這些卓越企業做事的方法沒變，只是原本的作法並不是成功保證——當初的成功並不全然歸功於落實這八項原則，而是另有其他因素。這八項原則可能只是反映成功企業的特質，而不是成功的動因。我們無從追究真相，因為彼得斯和華特曼挑選這些企業的方法，完全是根據績效表現及訪談經理人的資料，而這些認知和說辭都受到光環效應的誤導。

商業假象四：按圖索驥的錯覺

彼得斯和華特曼的研究方法犯下幾點嚴重缺失。首先，蒐集的資料極可能受到光環效應的影響。正如前幾章再三強調的，詢問經理人企業成功的原因和一些財經報導內容一樣，都犯了以績效結果論斷功過的毛病。因此，根本就不需要揑造分析資料，因為一開始這些資料的正確性就已受到質疑。

第二個錯誤是強化光環效應：彼得斯和華特曼的研究對象全是傑出企業。以科學術語來說，叫做根據因變數選擇樣本，也就是根據結果挑選樣本。這是很常見的錯誤，舉例來說，如果要找出高血壓的成因，不能夠只觀察高血壓病患，必須同時觀察血壓正常的人，才能夠找出真正的原因。研究公司也是相同的道理，只觀察績效卓越的企業，就無法找到脫穎而出的原因。我把這種現象叫做按圖索驥的錯覺，因為研究對象如果只是成功企業，雖然可以歸納各種特質，卻無法一窺全貌並找出真相。

當然，最理想的作法是針對不同主題，提供不同措施，然後比較結果。但是，這種研究方法不切實際，因為我們不可能挑選一百家企業，要求各五十家的經理人分別採用不同的措施，再比較其成果的優劣。我們能理解彼得斯和華特曼根據事後結果挑選樣本的作法，但這種研究方法無法分辨成功和失敗企業之間的差異所在，歸納所得的成功企業特質，不過是投射成功企業的光環效應而已——正是《追求卓越》一書所做的事。

儘管充斥著錯覺，《追求卓越》仍然狂銷熱賣，成為第一本暢銷的財經書籍。這本書為什麼如此引人入勝？因為這是一部精彩動人的故事，敘述成功的美國企業戰勝頑強的敵人，強調經理人管理時應該重視的關鍵：員工、顧客與行動。整篇故事激勵人心，世界從此改觀。就在這本書震撼商界的二十年後，彼得斯仍然肯定這本成名巨作：

我們的研究方法是否完美無暇？當然！如果你想學習出類拔萃、優秀人才最有效和先進的管理原則，照著《追求卓越》的方法準沒錯：先從一般常識開始，相信你的直覺，並且詢問「奇特」（非傳統）人選的看法。你可以事後再來煩惱如何證明。

探索企業的「黃金國」

詹姆・柯林斯（Jim Collins）曾在麥肯錫顧問公司和彼得斯和華特曼共事，後來任教於史丹佛商學院，並和傑瑞・薄樂斯（Jerry Porras）教授重新研究公司績效。這一次研究，兩人不再只針對當今成功的企業——有些只是曇花一現，而是挑選經過時間千錘百鍊、長期屹立不搖的成功企業。他們希望找出「不受時空限制，可長可久的基本原則和模式」。單從書名就可以望文生義：《基業長青》。

柯林斯和薄樂斯先從各行各業，找出二百家傑出企業，然後精挑細選出歷久不衰和最成功的「萬中選一」頂尖企業。結果共有十八家雀屏中選，這些企業都符合卓越、永續經營和高瞻遠矚的標準，全是美國企業界的一時之選，包括：高科技業的ＩＢＭ、惠普科技和摩托羅拉（Motorola），金融業的花旗公司（Citicorp）和美國運通，醫療保健業的嬌生公司和默克藥廠（Merck）。此外，波音公司、奇異電氣、寶僑、沃爾瑪百貨和迪士尼等知名大企業也名列其中。如果是一九二六年將一美元投資在一般市場，到了一九九〇年，會累積到四百一十五美元；如果是投資這十八家企業，成長金額高達六千三百五十六美元——六十四年間是市場平均的十五倍！

柯林斯和薄樂斯知道，《追求卓越》只探討成功企業的共同點，是方法上的嚴重瑕疵，根本是按圖索驥。誠如他們所言，如果只是從成功企業中找出共同點，等於是先有定論再找答案。沒錯，這種方法找不到卓越和平凡企業的差異之處，也找不出成功的動因。於是柯林斯和薄樂斯採取下一個步驟：針對每一家高瞻遠矚的企業，從同一產業中找出創業時間相近，而且績效也不錯的對照企業。比如，波音公司和麥道公司（McDonnell Douglas），花旗銀行和大通曼哈頓銀行（Chase Manhattan，現為大通銀行〔Chase Bank〕），奇異電氣和西屋電氣，惠普科技和德州儀器（Texas Instruments），寶僑和高露潔－棕欖（Colgate-Palmolive）等。柯林斯和薄樂斯透過此種比較方式，或許能找出歷久不衰的成功企業，和其他略遜一籌企業的差異因素。

一九二六年，把一美元投資在這十八家對照企業，一九九〇年會成長到九百五十五美元，雖然無法和高瞻遠矚企業績效相提並論，但已經是市場平均值的兩倍。現在，他們擁有兩組截然不同的企業可供比較。到目前為止，一切都很順利。

成為打造傑出企業的主角！真有方法？

下一步驟是比較這十八組企業的績效表現。柯林斯和薄樂斯也體認到社會科學研究方法上的限制，他們說：「我們無法進行控制和重複的試驗，不能像自然科學一樣先固定某項變數，然後觀察改變其他變數的結果。我們當然希望有個適用於公司的細菌培養皿，但那是不可能的。只能參考過去的歷史，並善用那些資料。」因此，在整個研究團隊共同努力下，柯林斯和薄樂斯從事漫長艱辛的資料蒐集和分析。他們形容這項工作是「成箱的資料、數月的分析和繡花針的功夫」。他們先設計「系統化和全面性」的資料蒐集架構：閱讀一百本以上的書籍，包括公司的歷史和傳記；參考三千多份檔案，包括報章雜誌、公司出版品或影片；閱讀哈佛和史丹佛大學的個案研究；從事所謂「鋪天蓋地的文獻搜尋」，包括《富比世》、《財星》、《商業周刊》、《華爾街日報》、《國家商業》（*Nation's Business*）和《紐約時報》等。這些資料塞滿「與肩膀同高的三個儲藏櫃、四座書架和二十億位元組的電腦記憶體容量」。這無非想告訴大家：我們非常、非常地用心。

研究結束後，柯林斯和薄樂斯把結果歸納成幾項「長青原則」。以下就是這十八家永續成功、高瞻遠矚企業和對照企業的差異所在：

◆ 擁有明確的核心價值觀，作為公司決策和行動的準則。
◆ 打造鮮明的企業文化。
◆ 設定挑戰性目標，激發員工潛能——膽大包天的目標（Big Hairy Audacious Goals，或稱為BHAGs）。
◆ 培育員工，內部拔擢。
◆ 營造嘗試和冒險的精神。
◆ 追求卓越。

結論簡單明瞭、符合常理、打動人心。事實上，柯林斯和薄樂斯承認，結論和彼得斯與華特曼的發現大同小異，所提出的重要議題完全相同：員工、價值觀、文化、行動與專注。兩組研究團隊抽樣與研究的方法雖然不同，卻有異曲同工之妙。

《基業長青》於一九九四年出版後，立即轟動暢銷。《公司》（*Inc.*）雜誌大力稱讚：「《基業長青》是一九九〇年代版的《追求卓越》。」經理人愛不釋手。為什麼？因為內容旁徵博引、簡單易懂，充滿精彩的逸聞典故。而且，這本書還提供企業永續經營的成功之鑰。按《基業長青》的說法，書中提供「打造企業永續成功的偉大藍圖」。柯林斯和薄樂斯毫不避諱地大膽保證：「每位員工都可以成為打造傑出企業的主角。從這些企業學習到的經驗，各階層主管都可以仿效運用。」結論則提到：任何人都可以學習、運用這些準則，打造高瞻遠矚的企業。」《芝加哥論壇報》（*Chicago Tribune*）附和這個論調，宣稱《基業長青》是：「讓我們對於企業永續成功經營的祕訣，有了革命性的認識。」《工業雙週刊》評選《基業長青》為一九九五年最佳財經類書籍，一九九六年蟬聯美國《商業周刊》暢銷書寶座達十八個月之久。

雖然柯林斯和薄樂斯這份研究工程浩大，卻還是沒有解決最根本的問題：光環效應。他們的資料來源主要包括報章雜誌、書籍和公司文獻，全都可能隱藏著光環效應。他們採訪公司主管，回想親身經驗並解釋公司成功的原因，這些都難脫光環效應。如果資料受到光環的照射，即使蒐集車載斗量的資料也是枉然。隨便挑一群績效卓越的企業，然後根據自我評估或財經媒體報導，探究其成功原因，答案不外乎擁有強健的企業文化、核心價值觀，以及追求卓越的決心。如果不適用這些字眼的形容，那才叫人吃驚。

挑選一組績效表現略遜一籌，但尚稱平穩的對照企業，所得到的評語大概也相去不遠，只是程度上的不同罷了。除非蒐集資料的方式完全獨立於績效之外，也就是完全避開光環效應，否則仍然無法解釋績效的動因。究竟是這些特質產生高績效？還是我們習慣用這些特質形容高績效企業？兩者的可能性不相上下。

基業長青？言之過早！

柯林斯和薄樂斯提醒大家，對於他們的發現不要「盲目地全盤接受」，希望大家仔細檢驗分析的方法。他們呼籲：「讓證據說話。」既然如此，我們就好好檢驗這些證據。雖然沒有辦法把企業像細菌一樣放在培養皿裡實驗，但我們可以觀察長時間的演變。如果《基業長青》的準則真的不受時空限制，永遠適用於績效的解釋，那麼這些企業在研究結束後應該依然表現亮眼才是。相反地，如果無法維持高績效表現，或許可以推測所謂不受時空限制的準則，其實還是受到光環效應的影響，也就是說，這些準則是高績效投射的光環，而不是高績效的動因。

這十八家高瞻遠矚企業，自從一九九〇年十二月三十一日研究結束以來的表現如何？這十八家公司在二〇〇〇年都還繼續營運，所以至少已經撐過第一個十年，但績效表現卻不盡如人意。我從 Compustat 資料庫，蒐集十七家企業（其中萬豪集團〔Marriott〕是私人持股公司，並未納入 Compustat 資料庫），從一九九一到一九九五年間股東報酬率的表現。這十七家企業過去六十四年間的表現優於市場十五倍，不過這五年間只有八家表現優於標普五〇〇企業的平均數，落後的有九家。時間再拉長五年，情況也未見好轉。一九九一到二〇〇〇年的十年間，十六家高瞻遠矚企業中，只有六家表現跟得上標普五〇〇企業，其他十家則不如市場表現。投資人如果隨機投資股市，獲利率會高於柯林斯和薄樂斯指名的企業。

如前所述，這些企業的表現下滑，主因在於無法符合市場預期，而不是營運績效下滑，股價是衡量長期績效的良好指標，但作為短期指標卻有其缺陷。然而，若以利潤占資產比率的獲利能力當成檢驗標準，這十七家高瞻遠矚企業的表現仍然只是平平。研究結束後的五年間，只有五家企業的獲利能力提升，十一家衰退，一家持平。不論以市場績效或是獲利表現，結果都相同：柯林斯和薄樂斯所選定的高瞻遠矚企業中，大多數長期以來表現傑出，現在則歸於平淡。所謂「永續成功的偉大藍圖」終究只是一種錯覺。

這些企業還只是第一波研究對象。就在《基業長青》最轟動的一九九七年，柯林斯和薄樂斯承諾，這項研究不久將複雜到歐洲企業，而且已經「挑選十八家高瞻遠矚的歐洲企業：艾波比、BMW、家樂福（Carrefour）、戴姆勒賓士（DaimlerBenz）、德意志銀行（Deutsche）、易利信（Ericsson，編按：二〇一一年將台灣子公司更名為「台灣愛立信」）、飛雅特汽車（Fiat）、葛蘭素藥廠（Glaxo，現為葛蘭素史克〔GlaxoSmithKline plc〕）、荷蘭國際集團（ING）、萊雅（L'Oréal）、馬莎百貨、雀巢（Nestlé）、諾基亞、飛利浦（Philips）、羅氏集團（Roche）、殼牌石油、西門子和聯合利華（Unilever）」，真是洋洋灑灑的名單。前幾章已經談過艾波比的狀況，其他企業不久後也是經營陷入困境。戴姆勒賓士於一九九八年收購克萊斯勒之後，便開始慘澹經營；易利信在二〇〇〇年瀕臨破產邊緣；馬莎百貨失去英國消費者的青睞。此外，有些公司還涉及企業道德倫理的問題：羅氏於一九九九年被控非法定價；殼牌在二〇〇四年被爆料誇大石油存量。對所謂強烈的價值觀和文化而言，還真是一大諷刺。

傑出企業的績效衰退，應該是意料中事。隨著企業成長，很難再維持原先的成長率（看看美國最成功企業，如奇異電氣、微軟和沃爾瑪現在的問題就可以知道）。一些高瞻遠矚企業衰退的事實，並不會全盤否定既有的發現，但如此大幅度的迅速衰退，不由得讓我們懷疑柯林斯和薄樂斯的研究有不足之處。尤其，柯林斯和薄樂斯所宣稱永續成功的動因：強健的文化、追求卓越的決心等，都是根據績效歸納出的特質。至於對照企業的表現比較無法掌握，因為有的是私人持股公司，有的後來遭併購，有的則退出市場。在能夠追蹤績效的十二家企業中，一九九一年到一九九五年間的表現，七家表現優於市場，五家落後；十年間，六家優於市場，三家低於市場。至於獲利表現，其中八家獲利能力提升，下降的有四家。

數字顯示，對照企業的表現優於高瞻遠矚企業，正好和柯林斯和薄樂斯的推論相反。但是，這可能只是反映預期的落差——高績效企業的衰退幅度往往較大。柯林斯和薄樂斯所發現高瞻遠矚企業和對照組的差異，可能原本就是績效不同企業間的特質差異，而不是導致績效不同的原因。

商業假象五：嚴謹研究的錯覺

《基業長青》以加入對照企業的方式，努力避免按圖索驥的錯覺，但仍無法擺脫揮之不去的光環效應。我們可以細選績效好與壞的企業當樣本，可是如果資料已經染上光環效應的話，還是無法找出造成績效差異的動因——只不過找出績效好壞企業的形容詞。我們往往察覺不到研究的破綻，是因為另一種錯覺作祟：嚴謹研究的錯覺。

柯林斯和薄樂斯一開始就花了十頁篇幅說明研究方法，細數如何系統化蒐集成千上萬筆資料，以及怎樣千辛萬苦過濾、解讀。事後，柯林斯和薄樂斯又在附錄中以五十幾頁的篇幅，圖表並茂說明研究發現。全書不厭其煩地說明資料來源，數百本書籍、數千篇文章，大量資料占據整座書架，還需要龐大的電腦記憶體容量。這些說明無非要顯示《基業長青》是非常嚴謹的研究，精心規畫、鉅細靡遺。他們要傳達的訊息很明顯：我們全力以赴、嘔心瀝血，說話有憑有據。這有點恐嚇讀者的味道，因為你如果沒有下同樣的功夫，就不敢質疑結論。難怪《芝加哥論壇報》立刻認同這是一種革命——但這項研究隱藏著精密科學常見的陷阱。包括《華爾街日報》和《哈佛商業評論》的評論家，以及一般大眾讀者，都會有嚴謹研究的錯覺。當然，如果資料品質不好，數量多寡根本不是重點。更何況，如果資料來源受到光環效應汙染，再怎麼豐富也是白忙一場。即使你對光環視而不見，但光環依舊存在。

商業假象六：永續成功的錯覺

《基業長青》的原始用意，是要發現成為永續成功卓越企業的成功之鑰，但此前提本身就是一種錯覺。彼得斯和華特曼列舉的卓越企業，其中的三分之二在短短幾年間就風光不再，可能是陣痛期或短暫的現象。畢竟，這些都是美國頂尖企業，不可能在短時間內一蹶不振。但是，柯林斯和薄樂斯點名的高瞻遠矚企業，過去六十幾年來的表現優於市場十五倍，研究結束後五年有一半以上的企業，表現落後標普五〇〇的企業。我們不禁感到詫異，這真的是在時間點上連續的兩項研究嗎？乍看之下這樣的結果純屬巧合，但卻是常理：企業歷久不衰只是種錯覺。

我們挑選過去幾年表現優異的企業，然後以倒敘法解釋原因，這種方法很難找出企業歷久不衰的原因。如果換個方式，大規模挑選企業並檢視過去的表現，結果會截然不同。麥肯錫管理顧問公司的董事理查·佛斯特（Richard Foster）和顧問莎拉·凱普蘭（Sarah Kaplan），就曾進行類似的研究。他們挑選幾個時間點，觀察企業的表現，結果讓人出乎意料。一九五七年名列標普五〇〇中的企業，經過四十年、到了一九九七年只剩下七十四家。其他四百二十六家都消聲匿跡：有的被競爭淘汰、有的遭收購或破產。而碩果僅存的七十四家當中，只有十二家在這段期間的表現優於標普五〇〇企業。其他六十二家雖然存活，卻表現平平。佛斯特和凱普蘭寫道：「過去幾十年，我們歌頌歷久不衰的大型企業，稱讚他們的『卓越』及歷久不衰的能力。」但是長壽的企業並不必然是最優秀的企業。百年基業的偉大企業不僅少見，而且往往不是表現最好的企業。

這怎麼可能，柯林斯和薄樂斯的研究明明顯示，十八家高瞻遠矚企業的表現大幅領先標普五〇〇企業啊？這其實沒有矛盾之處。如果要找過去幾十年表現好的企業，不難找出幾家。而且，如果以回顧的方式蒐集資料，就能夠有眾多的光環效應，編織成一篇精彩故事敘述企業歷久不衰的原因。但是，這是事後挑選的必然結果——按圖索驥的錯覺再加光環效應。就像《頑童流浪記》裡吉姆和哈克仰望繁星點點的夜空，只摘取連接成自己心中想像形狀的幾顆星星。

但這種方式沒有辦法了解商業世界，因為忽略了商場的詭譎多變，以及企業有起有落的事實。我們告訴自己，這些經過嚴格篩選的企業，全是一時之選，表現自然優於其他企業（過程愈嚴謹，愈相信這些結果）。那是自欺欺人的錯覺，如果客觀觀察且蒐集公司過去幾年的完整資料，就會發現企業的表現不會永遠獨占鰲頭，而是有起有落，成長衰退交替。佛斯特和凱普蘭的結論是：「麥肯錫公司長期研究美國企業的創立、興衰起伏，顯示企業中的黃金國不過是種迷思，也就是說，表現永遠優於市場的頂尖企業根本不存在。即使最頂尖和最受尊敬的企業戰戰兢兢地經營，也無法保證為股東交出長期亮麗的績效表現。反倒是長期而言，市場的表現總是比較優異。」

回顧過去幾十年，少數成功的企業也許是一種錯覺，但卻是經理人夢寐以求的境界。畢竟，如果述說一家企業長期興衰起落的故事，比較難以打動人心。我們喜歡聽到一些所謂卓越和高瞻遠矚企業的成功祕訣，然後依樣畫葫蘆。我們渴望找到避免衰退和滅亡的仙丹妙藥，而故事總是比事實更動人、更中聽，因為事實顯示**成功總是短暫**，過去表現好的企業，並不能保證未來表現優於市場平均水準。

那麼，企業的成功是否純屬僥倖偶然？是否像擲硬幣連續出現十次正面，而第十一次出現正面的機率還是和其他人一樣？當然不是。成功不是偶然，但稍縱即逝。誠如奧地利著名經濟學家約瑟夫·熊彼得（Joseph Schumpeter）所說，資本主義的精髓在於經由創新產生的競爭，不論是新產品或新服務，還是新營運方式。當時多數經濟學家都認為，企業競爭力來自以較低廉價格提供相同產品或勞務。熊彼得在一九四二年所著的《資本主義、社會主義與民主》（*Capitalism, Socialism and Democracy*）中，從創新的角度描述競爭力：

> 維持資本主義運轉的基本動力來自於新的顧客、產品、生產或運輸方式、市場，以及資本家創造的新企業組織型態。
>
> 每一項成功企業策略，必須面對市場，開創新局面。企業必須在永無止境的創造性

破壞風暴中，占有一席之地。企業不能對此視而不見，以為能夠永遠輝煌不墜……。

當一些企業找到創新方法和新的作法，其他企業因而倒閉。這些企業的倒閉卻是推動另一波改善進步的動力。領先市場的模式不是一成不變或可長可久的，而是如熊彼得所說「永無止境的創造性破壞風暴」。企業在傑出表現之後呈現衰退現象，完全符合常理，也是可以預期的事。

有些研究是針對企業績效的長期變化。哈佛商學院的潘卡．葛馬萬（Pankaj Ghemawat）挑選六百九十二家美國企業，觀察從一九七一到一九八〇年的十年間，其投資報酬率的表現。他把平均投資報酬率在三九%以上的企業列為績效卓越，平均低於三%的列為績效不良。然後追蹤這兩組企業投資報酬率的長期表現，觀察差距是擴大、縮小還是持平？經過九年後，這兩組企業的表現一致趨向中等：卓越企業從三九%跌到二一%，而不良企業則從三%上升到一八%，雙方差距從原先的三六%縮小只剩三%，幅度高達十分之九。葛馬萬指出，三%的差距畢竟不是零差距，還是不能夠忽視。但重點在於，企業很難維持高績效於不墜，原因很簡單：在自由市場體系中，高利潤往往因為「模仿、競爭和徵收等力量的侵蝕」而下降。對手抄襲領導者的成功手法、新公司進入市場、顧問公司傳授成功的實務典範、員工跳槽等因素，都使企業的高績效難以為繼。

波士頓大學的安妮塔．麥格漢進行另一項研究，檢視美國數千家企業從一九八一到一九九七年的表現，結果大同小異。她根據前三年的利潤績效（以營業收入占總資產比率計算），將公司分成三類：高績效（最佳的二五％）、中績效（中間的五〇％）和低績效（最差的二五％）公司，然後追蹤往後十四年的表現。

研究結果顯示，高績效族群中仍有七八％維持高績效，一八％跌落到中等績效，五％跌到低績效。而原本中等績效企業中，八一％維持中等，一〇％的績效提升，而八％跌落到低績效。至於低績效企業，七八％仍然未見改善，二〇％提升到中等績效，二％大幅進步到高績效。這項研究顯示，績效不是僥倖得來，而是長期經營的成果。這些研究同時顯示，企業績效從兩端向中等績效集中，趨近平均的趨勢。

這些研究顯示，競爭是市場經濟的本質，沒有永遠存在的競爭優勢。當然，你也可以追溯七十年的商業歷史，找出一些歷久不衰的企業，但這是根據結果而挑選的。整體而言，如果觀察所有企業的長期表現，會發現盛極而衰或是否極泰來等現象更迭交替。我們不妨套用一句警語：成功必伴隨衰退（Nothing recedes like success）。找到一份讓公司基業長青的藍圖固然欣喜，但卻沒有事實根據，很可能是空歡喜一場。

chapter 7

商場神話：完美複製成功

我認為，企業組織裡的人盲目崇拜科學。因為我們希望所處的世界是靠一套自然法則運轉，而不是由貪婪、需求無度和利慾薰心、瘋狂衝動的野蠻人所掌控。在這種環境下，物理學穩重精確的步調，為我們帶來安全感。

——史丹利．賓恩（Stanley Bing），〈量子企業〉（Quantum Business），二〇〇四年《財星》雜誌

據熊彼得觀察，創新是驅動各行各業競爭的基本動力——這對財經書籍產業一樣適用。在《追求卓越》和《基業長青》暢銷熱賣之後，新的競爭者莫不卯足了勁，迎合有志一展鴻圖的經理人。根據熊彼得的說法，新進者將努力超越這兩本經典之作的門檻，提出一些與眾不同，同時更精闢，甚至更全面、更權威的見解，因此現在可說是百家爭鳴的時代。但是，雖然每個人宣稱自己採取嚴謹科學的研究方法，但對於尋找企業績效的真正動因卻依然束手

無策，只是老調重彈和提出一些自以為的錯覺。

麥肯錫管理顧問公司合夥人布魯斯・羅柏森（Bruce Roberson）、達特茅斯大學塔克商學院（Tuck School of Business at Dartmouth）的威廉・喬依斯（William Joyce）與哈佛商學院的尼汀・諾瑞亞（Nitin Nohria），共同進行一項名為長青計畫（Evergreen Project）的研究。他們先提出一個企業界最根本的問題：「企業經營千頭萬緒，但最根本的問題莫過於：真正有效的作法是什麼？」企業起起落落，有好有壞，但是「最根本的問題依然懸而未決，甚至無人聞問：真正有效的作法是什麼？」作者要大家放心，答案就快出爐了：「這是第一本揭開企業成功之道的著作，一本影響深遠的書。」

他們宣稱，這本書是「全球最有系統、最大規模研究成功企業之道的書籍。這不是全憑個人直覺猜測的道聽塗說，而是經過嚴謹的科學方法，有事實根據的大規模研究計畫。」真是擲地有聲！作者更進一步說，《追求卓越》一書的缺點在於依據結果挑選樣本，只觀察卓越企業，而沒有和一般企業比較。《基業長青》同樣漏洞百出，因為一口氣研究長期的變化，卻沒有指出某一時間點採取的措施，對於後來績效所造成的影響，不但沒有縱切面的分析，也沒有顯示時間上的因果關係。這些缺點都將獲得改善。

長青計畫選定一九八六到一九九六年的十年間，區分兩個五年期，然後將結果分成四類：兩個五年期內都表現傑出的企業稱為「成功型」；第一個五年表現平平，但第二個五年表現優異的稱為「進步型」；第一個五年表現優異，第二個五年卻跌落谷底的稱為「退步型」；兩個五年期，也就是連續十年表現差勁的稱為「失敗型」。這種分類法的用意，在於觀察第一個五年期所採取的策略，對於第二個五年期的績效影響，也就是顯示經營決策的因果關係。這想法確實不錯，但只有在資料不受績效影響時才管用——而這正是他們試圖尋求的解答。

長青計畫自詡是有史以來，對於公司績效最有系統和最大規模的研究。書本開宗明義的第一頁，就宣稱這是學術界和顧問「史無前例的攜手合作」，並洋洋灑灑列出十四位襄助本案知名商學院教授的大名。其中用意不言自明：這是一項用心、全面性和嚴謹的研究，而且採用的研究方法「正確、公正且有效，簡言之，十分客觀可靠」。只可惜，這項研究同樣乏善可陳。

首先，長青計畫團隊先訪問經理人，請他們回顧過去十年，細數個人經驗。這種回顧往事的訪問方式很可能光環籠罩，因為人們都是根據績效作答和判斷。長青計畫也蒐集公司相關的大量文獻資料：「報章雜誌、學校個案研究、政府檔案和分析師報告。」關於這一百六十家企業的資料，每家至少厚達三吋，共有六萬多篇文獻，塞滿五十個儲藏櫃。但是堆積如山的資料來源和之前的研究相同，通常也受到光環效應的影響。接著，十五位楊百翰大學（Brigham Young University）研究生，花了幾個月時間分門別類篩選資料。遺憾的是，就

表 7-1・長青計畫：成功型和失敗型的四項主要管理實務			
		高度正相關	高度負相關
策略：提出明確且聚焦的策略	成功型 失敗型	82% 9%	7% 77%
執行力：零缺點的執行力	成功型 失敗型	81% 14%	4% 56%
文化：績效導向的文化	成功型 失敗型	78% 17%	3% 47%
組織架構：反應迅速、具彈性的、扁平化組織	成功型 失敗型	78% 14%	3% 50%

資料來源：《4＋2：企業的成功方程式》（*What Really Works*）

算有再多的研究生夜以繼日地分析、解讀資料，到頭來仍只是蒐集到堆積如山的光環罷了。作者宣稱這是「有史以來最龐大的資料分析工作」。也許是最龐大的沒錯，但卻不是最好的。

長青計畫團隊分析資料之後，找出和所有利害關係人及公司績效指標高度相關的八項管理實務。成功型企業在策略、執行力、文化和組織四項獲得高分；其他在人才、領導力、創新，以及合併與合夥關係四個項目中，也有兩項獲得高分。整體而言，這就是「4＋2方程式」（4+2 Formula），項目可以隨意組合。作者說道：前四項主要管理實務，再加上後四項中的任意兩項，確實可以發揮作用。喬依斯、諾瑞亞和羅柏森寫道：「4＋2方程式和企業成功具有很強的關連性。」沒錯，數字的確讓人吃驚。以上頁表7-1為例。

第一項管理實務是策略，八二%的成功型呈現「高度正相關」，只有七%呈現「高度負相關」。相反地，只有九%的失敗型呈現「高度正相關」，卻有七七%呈現「高度負相關」（該表並未呈現進步型和退步型）。至於執行力一項，八一%的成功型呈現「高度正相關」，只有四%呈現「高度負相關」；失敗型中只有一四%呈現「高度正相關」，卻有五六%呈現「高度負相關」。而關於文化和組織架構方面的發現，同樣讓人印象深刻。如果企業在全部四項主要管理實務都呈現「高度正相關」呢？長青團隊的結論是：「依循這個成功方程式的企業，有九〇%以上的機率能成為成功型企業。」

暫且不談資料的正確性，單就資料的解釋就足以讓人質疑。以評估公司文化而言，長青計畫想要評估一家企業是否「工作環境具有挑戰性、令人滿意，而且讓人樂在其中」及「激發員工潛能」，結果發現成功型企業兩項指標都獲得高分。但是，高績效企業被認為工作環境充滿挑戰性，激發員工潛能並不足為奇，在思科、艾波比和ＩＢＭ最輝煌的日子裡，眾人也是認為如此。

再以執行力為例，長青計畫想要評估企業是否「提供的產品和服務總是符合顧客期待」，以及是否「不斷努力提高生產力，並杜絕各種浪費」。當然，成功的企業一定是提供高品質產品、提高生產力，並且杜絕浪費——至少成功時是如此！但是在現有資料的前提下，「4＋2方程式」是否就是績效的保證，也屬未定之數。事實上，另一種解釋的可能性更高：大家都認為高績效企業具有明確且聚焦的策略、培養績效導向文化、擁有良好執行力，以及反應迅速的扁平化組織。整體而言，成功型企業有九〇％的機率會被描述為高度具備這四項管理實務。但不能就此斷言，如果企業做了這些事，鐵定會成功！

表7-1還帶來更大的疑慮。仔細研究這些數字，成功型企業中有七％並沒有「明確且聚焦的策略」，只有三％的成功型企業沒有「績效導向文化」，三％沒有「反應迅速的扁平化組織。」這七％和三％的差距作何解釋？我直覺認為這和「企業文化」與「組織」沒有客觀標準的本質有關。我們對於企業是否有「明確且聚焦的策略」的印象，大部分來自績效，我們幾乎無法評估一家公司是否具有「績效導向文化」，或是不是「反應迅速、具彈性的扁平化組織」。我們對於公司文化和組織的描述和解釋，甚至神話化，都是根植於績效的結果。

商業假象七：絕對績效的錯覺

《4＋2：企業的成功方程式》一書除了呈現圖表資料外，還分別舉一家成功型和失敗型企業為例，生動描述兩者的差別。成功型的代表是一美元商店達樂（Dollar General），具備耳熟能詳成功企業的特質：明確且聚焦的策略、顧客至上、卓越的企業文化，再加上有效率的組織和傑出的領導力：失敗型的代表凱瑪百貨（Kmart）則一無是處：策略模糊不定、文化散漫、執行力薄弱、組織雜亂無章。凱瑪百貨成了代罪羔羊，四項管理實務竟然同時出現紕漏。想想看，竟然有一家企業如此一無可取！

此說法有兩項錯誤：第一，正如第五章所提單一解釋的錯覺，這四項管理實務也許是密不可分，不可單獨看待的。還記得二〇〇〇年的艾波比公司，當時對於公司績效螺旋狀下滑的解釋之一，是不當的策略轉變導致績效下滑，進而撤換高層主管，然後又迅速改組公司，導致員工士氣低落，連帶使得績效一蹶不振。凱瑪百貨可能也是同樣的情況。試想，凱瑪百貨在某個時間點的執行力開始下滑，原因或許是存貨管理鬆散或供應鏈效率不彰。當績效滑落時，打擊員工士氣，公司文化因而惡化。凱瑪百貨的高階主管為了挽回頹勢，於是改弦更張，設計不同的組織來配合。在這種情況下，這四項要素不是互相獨立的因素——而是彼此環環相扣。還有其他不勝枚舉的例子：設計不良的組織導致執行力薄弱，進而使績效惡化和士氣低落，而經理人不得不採取新的策略等。再次提醒，這種思考所犯的錯誤在於，把不同的因素分別看待，而不是環環相扣、彼此相互影響。

第二項，也是比較嚴重的錯誤。凱瑪百貨的例子，顯示許多研究常見且被忽略的一種錯覺——絕對績效的錯覺，二〇〇五年《哈佛商業評論》一篇比較公司績效各種研究的文章，也完全忽略了這一點。我們評論公司的成敗，完全根據其行動的優劣，彷彿績效是絕對的。

但是，在競爭的市場經濟中，一家公司的績效還會受到對手績效的影響。造成這種錯覺的部分原因，在於我們自以為在實驗室裡做科學研究：把燒杯放在火爐上的沸點是攝氏一百度，緯度高則沸點略低。把一百隻燒杯放在一百具火爐上，沸點還是攝氏一百度，燒杯之間絲毫不受彼此的影響。不過真實的商場並非如此。

為了便於說明企業績效本質上相關的觀念，我舉一家美國大型零售商的資料為例。這家知名零售商在全美有幾百家分店，我盡量依據客觀驗證過的資料，努力避開光環效應。這家公司暫且隱蔽真名，稱之為「高瑪百貨」（Qual-Mart）。根據某獨立產業分析師提供的資料，高瑪百貨在一九九〇年代初期曾經採取以下作法：

- 各商店裝設銷售點終端機（point-of-sale terminal），提供更完整的品項銷售資訊並改善存貨管理流程。
- 把集中採購品項的比例提高到七五%，降低採購成本。
- 更新存貨管理系統，大幅提升庫存管理效率。結果，季節性存貨管理獲得改善，聖誕節和萬聖節的銷售額提升六〇%。
- 增加存貨盤點次數，而不只是年終盤點一次，因此提升準確性和效率。
- 降低費用占銷售額的比率。

表 7-2．「高瑪百貨」1992～2002 年的存貨週轉率

	1994	1995	1996	1997	1998	1999	2000	2001	2002
「高瑪百貨」	3.45	3.75	3.66	3.85	3.98	4.01	4.22	4.75	4.56

資料來源：*Thomson One Banker*

- 增加商品項目，以滿足市場需求，提升銷售額。
- 設置免付費客服專線，大幅改善顧客滿意度。
- 推動一項複雜的主從式（client/server）技術，改善商品管理，節省二億四千萬美元。

經過一番整頓改革之後，高瑪百貨改善了存貨週轉率，也就是一年間賣出存貨的次數，衡量零售業績效的重要指標——從一九九四年的三．四五上升到二〇〇二年的四．五六（見上表7-2）。大幅提升三二％，算是相當不錯的成績。

你是否會認定高瑪百貨改善績效了呢？答案顯然是肯定的，因為這些客觀數字顯示長足的進步。你也許會訝異，這家公司竟然就是凱瑪百貨。沒錯，正是被長青計畫評比為失敗型代表的凱瑪百貨！管理不當、一無是處的典型。為什麼一家公司大刀闊斧改革，卻還是難逃倒閉的下場？因為對手改善的幅度更大。過去八年間，沃爾瑪的存貨週轉率從五．一四上升到八．〇八，提升六三％（見下頁表7-3）。這八年間，沃爾瑪第一年的週轉率就比凱瑪百貨努力八年後的績效來得

表 7-3・凱瑪百貨和沃爾瑪百貨 1994 ～ 2002 年的存貨週轉率

	1994	1995	1996	1997	1998	1999	2000	2001	2002
凱瑪百貨	3.45	3.75	3.66	3.85	3.98	4.01	4.22	4.75	4.56
沃爾瑪百貨	5.14	4.88	5.16	5.67	6.37	6.91	7.29	7.79	8.08

資料來源：*Thomson One Banker*

好。以絕對數值而言，凱瑪百貨的確有改善，但同時又遠遠落後沃爾瑪，兩家零售商的差距愈來愈大。

至於其他績效指標，有份分析報告指出凱瑪百貨「在降低費用比率（Expense Ratio）、存貨管理和賣場視覺等重要項目有明顯改善」，但競爭對手的改善幅度更大。該篇文章繼續談道：「根據估計，沃爾瑪和目標百貨（Target）不斷改善費用比率，才能確保擁有比凱瑪百貨更具優勢的價格競爭力和財務報酬率。」故事還沒結束。當凱瑪百貨在一九九〇年代初期，把集中採購量提高到七五%，沃爾瑪卻早已超過八〇%；凱瑪百貨於一九九〇年在各商店裝設銷售點終端機，而沃爾瑪早在兩年前就已經完成。難怪凱瑪百貨大力改革也無法翻身，競爭對手在降低成本和改善後勤作業的表現，都讓凱瑪百貨望塵莫及。到了二〇〇二年，就在存貨週轉率達到歷史新高之際，凱瑪百貨仍不得不舉白旗投降，宣告破產。大家都先入為主認為，一家破產企業的執行力薄弱是理所當然，但證據卻顯示不是那麼一回事。至少從絕對數值來看，其執行力並沒有到不堪一擊的地步。

從其他公司身上，也可以發現絕對和相對績效的差異。通用汽車也是一家業績下滑，股價重挫的公司。二〇〇五年，通用汽車的債信降至垃圾債券等級，幾乎就是金融市場的不信任投票。但是，比起一九八〇年代所製造的汽車，通用在各方面都有很大的進步：品質改善、配備增加，舒適度和安全性方面也都提升許多。不過由於各種因素，通用汽車在美國市場的占有率，卻從一九九〇年的三五％下跌到一九九九年的二九％，二〇〇五年更只剩下二五％，而日本和韓國車廠則趁勢崛起。通用汽車的績效下滑，必須從相對的角度來說明：事實上，亞洲車廠的激烈競爭，正是推動通用汽車進步的動因。通用汽車是否比三十年前進步？以絕對指標而言，答案是肯定的。但是，員工或是股東根本聽不進這番道理。

絕對績效的錯覺至關重大，因為會讓人誤以為只要遵循簡單公式，不理會對手的反應，就可以達到高績效。經理人如果不仔細用心一些，很可能就會被一些議題誤導。長青計畫並不是唯一犯錯的研究，《基業長青》也無法避免。柯林斯和薄樂斯宣稱，遵循「永續成功的藍圖」的步驟就能成功，完全忽略對手或產業競爭的動態。一旦了解績效好壞是相對的概念之後，便不難理解，即使立意良善，企業也不可能靠一套步驟成功，因為**企業的成敗與對手的行動息息相關**。**競爭對手愈多**，**進入市場的門檻愈低**、**技術變化愈快**，**企業就愈難維持成功**。雖然真相讓人不安，卻清楚說明有些企業績效動因，其實不是我們所能控制的。忽略績效是相對的概念或完全置之不理，比較容易吸引人心。述說企業即使置對手於不顧，還是可以達到高績效表現的方式，的確比較容易編撰一篇吸引人的故事。

長青計畫把十年區分為兩個五年期是個好點子，但是因為採用回顧式的訪談和從財經媒體蒐集資料，而顯得美中不足。儘管缺點重重，作者仍宣稱這是了解企業績效的一大突破。事實上，比起《追求卓越》或《基業長青》的作者，他們更強調嚴謹的科學手法和因果關係。作者提出這些結論時指出：「我們現在可以大膽地說，企業只要改善特定的管理實務，保證能提高績效。」但結果全然不是這麼一回事。這本書的名字不應叫做「企業成功方程式」，應該更名為「過去企業成功方程式」，或是乾脆叫做「過去企業成功的特質」。

從優秀到卓越，人人有機會？

就在長青計畫進行的同時，《基業長青》作者之一的柯林斯，還進行了另一項企業績效的新研究。鑑於《基業長青》觀察過去成功企業（至少研究結束時是如此）的同時，大多數企業卻表現平平，營運情況雖不錯，卻無法達到成功的顛峰。究竟是什麼原因？柯林斯接著直接解決這個問題。他想了解，一家平凡企業如何才能轉變成傑出企業？為什麼有些企業能「從A到$^{+}$A」（從優秀到卓越），有的卻做不到？

柯林斯的研究團隊首先擴大樣本規模，涵蓋一九六五到一九九五年間，所有名列《財星》五百大的一千四百三十五家企業。為了找出從平凡到卓越之因素，柯林斯形容整支團隊進行的艱難任務是「財經分析的死亡行軍」，目的是找出吻合某種類型的企業：十五年的股市報酬率接近市場平均值，「經歷停滯的過渡期」，然後下一個十五年的股市報酬率優於市場平均。這種模式就是大家熟知的「曲棍球桿」，扁平的板面和上翹的柄。這彷彿是商場上常說的：「現在諸事不順，不過別擔心，總會否極泰來。」企業界的每一個人，都希望對老闆或是投資人交出一張漂亮成績單，找到能立即並維持進步的竅門。柯林斯團隊正是在尋找這樣的答案。

根據嚴格的條件篩選之後，只有十一家企業符合標準——合格率不到百分之一。入選的名單是：亞培（Abbott）、電路城（Circuit City）、聯邦國民抵押貸款協會（Fannie Mae，現名房利美）、吉列（Gillette）、金百利克拉克（Kimberly-Clark）、克羅格超市（Kroger）、紐克鋼鐵（Nucor）、菲利普莫里斯（Philip Morris）、必能寶（Pitney Bowes）、沃爾格林（Walgreens）、富國銀行（Wells Fargo）。當中有些家喻戶曉的企業，有些只是小有名氣。雖然不一定個個都是當今耀眼的大企業，但包含各行各業，像是零售業、鋼鐵、消費性產品和金融服務業。這些企業總部不是設在矽谷、普林斯頓或紐約市，而是坐落在普通的美國城市，像是俄亥俄州代頓市（Dayton）或威斯康辛州尼納市（Neenah）。這些企業創立之初沒有顯赫背景，甚至經歷許多年的慘澹經營、艱苦度日。

柯林斯寫道：「名單出爐後，我們也嚇了一跳。誰會想到聯邦國民抵押貸款協會，能打敗奇異電氣和可口可樂；沃爾格林藥妝會打敗英特爾脫穎而出！這份讓人訝異的名單（實在很難找到更寒酸的名單），為我們上了寶貴的一課。在最不可能的狀況下，還是可能從優秀轉變成卓越。」這十一家卓越企業，的確擁有足以自豪的績效。一九六五年，投資在這些企業的每一塊錢，如果股利再投資，到了二〇〇〇年會成長到四百七十一美元，而市場平均只有五十六元。

再者，柯林斯比照《基業長青》的研究方法，挑選一些合適的對照企業，當時也都是活躍於各業界的佼佼者。吉列和華納－蘭伯特藥廠（Warner-Lambert，編按：二〇〇〇年被輝瑞〔Pfizer〕收購）比較，金百利是和史谷脫紙業（Scott Paper，編按：一九九五年被金百利克拉克收購），富國銀行則和美國銀行（Bank of America）等。對照企業雖然優秀，但還稱不上卓越，於一九六五年投資這些企業的每一塊錢，只成長到九十三美元，大約是市場平均值的兩倍，但是遠遜於卓越企業。這十一家從優秀到卓越的企業，當初獲選的原因是，長達十五年間的績效表現優於市場平均高達三倍，但這項研究結束後的幾年，績效卻呈現衰退。但這並不足以批評柯林斯的研究。他的目的原本就不是預測快速成長十五年以後的事，而是解釋為什麼這十五年間有如此驚人的表現——為什麼有些企業轉變成卓越，有些卻做不到。只要能夠解釋當中的轉折原因，研究結束後的狀況就無關緊要。

柯林斯研究團隊窮盡五年心力，投入一萬五千個小時以上的工作時數，解釋從優秀企業轉變成卓越企業的原因。他們埋首於浩瀚的資料，「從併購到執行長的待遇，從企業策略到公司文化，從裁員到領導風格，從財務數字到主管流動率」。他們閱讀數十本著作、六千篇以上的文章，並進行數十場的訪談，資料可謂車載斗量，總量高達三億八千四百萬個位元組。現在，我們對於這些自稱嚴謹的研究已經習以為常，更何況，我們也知道重要的是資料的質，而不是量。

有些資料顯然不受光環效應的影響。例如，高階主管的流動率、重要法人的持股比率，或是董事會所有權等都是公開資料，比較不會受到記者、公司發言人或經理人本身回憶時認知的影響。但是，有一大堆資料是來自報章雜誌的報導，我們早已耳熟能詳，而且這些資料確實受到光環的汙染。整個研究過程並未努力確保資料不受光環汙染——實際上，連資料可能的缺點都隻字未提。至於和經理人訪談的一些問題如下：

> 你認為這些年間（轉變前十年到轉變後十年），造成績效提升最重要的五個因素是什麼？
>
> 在轉變期間，公司如何做成重要的決策和策略呢？（不是決策的內容，而是決策的過程。）

這種要求經理人回顧並解釋過去事件的問法，很難產生有價值的資料。因為自我回顧評估的方式，通常都會受到績效的影響而失之偏頗。

至於解讀和分析資料，柯林斯表示，所有成員都參與一連串的討論和辯論，他們「不厭其煩地反覆檢驗資料。先是提出想法，再以資料驗證，修正想法後建立觀念架構，看看是否經得起證據的檢驗，然後再重新建立架構。」為什麼柯林斯採用的方法不如《基業長青》正式？他解釋：「每個人總有一、兩項專長。我的專長是從一堆雜亂無章的資訊中，抽絲剝繭、找出脈絡、理出頭緒——從混沌中釐清觀念。」

至於柯林斯研究團隊所建立的模型，十五年的平凡績效被視為基礎階段，此時的特色是具有堅毅、謙卑為懷的領導力（所謂「第五級領導」〔Level Five Leadership〕），招募合適的員工（先找對人……再決定要做什麼），以及勇於直接面對真相（面對殘酷的事實）。然後，沒有浩大的聲勢，有時幾乎是無聲無息地經過轉折點，進入突破階段。這時，曾經是優秀的企業一飛沖天，進入自我強化的良性循環，然後像顆子彈以四十度仰角劃入天際，成為閃亮的明星。

突破階段的特色是專注——刺蝟概念（Hedgehog Concept）；執行力——強調紀律的

文化（Culture of Discipline）；最後是利用技術提升進步——以科技為加速器（Technology Accelerators）。整個蛻變過程到此大功告成，優秀企業破繭而出，成為卓越企業。

一如先前的研究，因為光環效應，讓我們不得不對研究結果產生質疑。「謙卑的領導力」和「優秀的員工」是成功的原因？還是成功的企業往往被描述成具有傑出的領導力、擁有優秀的員工，也比較具有毅力和勇氣？暫且不管資料蒐集的方法，以及根據績效做評論的傾向，後者的可能性似乎比前者高。柯林斯宣稱找到有些公司躍升卓越，而有些原地踏步的原因，但未免言過其實。

《從A到$^{+}$A》，只不過是記錄躍升卓越和原地踏步企業不同的報導而已。柯林斯在書中開頭寫道，要求讀者坦白地「面對殘酷的事實」。沒錯，現在就有一個殘酷的事實要考慮：如果一開始根據結果挑選企業，然後透過回顧式的訪談手法，並且從新聞媒體蒐集文章資料，就不可能發現成為卓越企業的原因；只抓到光環效應四射的光芒。

大家似乎對這些缺失視而不見，因為《從A到$^{+}$A》傳遞振奮人心的訊息：每一個人都可以把優秀公司轉變成卓越企業。柯林斯清清楚楚闡述這一點：「卓越無關環境，大部分操之在己。」這句話深深打動了人心。每個人都願意相信辛苦努力就有回報，成功會屬於耐心等待的人，而這正是柯林斯所說的：高瞻遠矚、謙沖自牧、關心員工、堅忍不拔和專注，你也可以達到卓越的境界。以勵志故事而言，《從A到$^{+}$A》無人能出其右。

商業假象八：孤注一擲的錯覺

《從A到⁺A》因為資料的瑕疵，連帶使得結果的正確性也受到質疑。即使拋開這些質疑，接受資料的正確性，但對於結果的解釋仍然難以令人信服。《從A到⁺A》讓人印象最深的，是所謂「刺蝟概念」，源自於以撒．柏林（Isaiah Berlin）著名的文章〈刺蝟與狐狸〉（The Hedgehog and the Fox）。

柏林寫道，一般人可以區分為兩種基本類型：狐狸博學多聞，行動敏捷、狡猾聰明，追求多重目標；刺蝟只知道一件大事，看起來笨重遲緩，做事慢條斯理，但是專注於單一目標。柯林斯認為，這種行為差異正是達到卓越績效的關鍵之一，因為這十一家卓越企業全都屬於刺蝟型。他們只盯住幾個目標，然後貫徹紀律、全力以赴。相反地，狐狸型企業會分散注意力和能力，經常更換目標，但永遠無法達到卓越的境界。當然，這種分類方式可能也受到光環效應的影響——成功企業，事後往往被形容得比略遜一籌企業更聚焦也更有決心。假設柯林斯的說法正確，十一家卓越企業比對照企業更專注在幾項核心目標，那又證明了什麼？是否刺蝟型企業的績效就比較好？未必如此，事情沒這麼單純。

為了便於說明，我舉另外一個不同的例子。假設有一千人整天在賽馬場賭馬，我們從中挑選當天贏得最多彩金的十位賭徒，姑且稱之為卓越賭徒。深入了解後，可能發現這些卓越賭徒都是大膽地孤注一擲，這也是領先其他九百九十位賭徒的原因。他們都屬刺蝟型，專注於幾件重要的事。只有少數幾隻狐狸會列入前十名，因為狐狸習慣分散賭金。即使前十名的賭徒都是刺蝟，也不意味著刺蝟的平均表現就優於狐狸，因為有些刺蝟發意外橫財，有些卻血本無歸。實際上，狐狸因為分散風險，避免孤注一擲，整體表現可能還優於刺蝟。

再回到公司的例子，因為柯林斯挑選的十一家卓越企業只和優秀企業比較，實在無從得知就平均而言，究竟是刺蝟還是狐狸表現較為傑出。我們不知道在一千四百三十五家企業中，分別屬於刺蝟型和狐狸型的各有多少，所以無法判斷哪一族群的表現較好。即使連續幾年成長的企業屬刺蝟型，也不表示當隻刺蝟就能提高成功機率，因為許多刺蝟也許中途就陣亡了。

再舉一個例子做比較。加州大學的菲利普．泰特洛克（Philip Tetlock，現為賓州大學講座教授）曾針對專家政治判斷的正確性進行研究。同樣把政治觀察家分成兩類，其中一類是具有一個明確、堅持之世界觀的刺蝟型學者；另一類是採取彈性觀點的狐狸型學者。然後比較兩種類型預測未來事件的準確度。結果是狐狸獲勝，因為狐狸型學者仔細研究各方資料，面對詭譎多變的局勢隨時修正觀點，因此判斷未來事件的準確度較高。泰特洛克也發現，一些刺蝟的確判斷精準，但更多人是錯得離譜，整體看來反而表現不佳。（泰特洛克的研究期間是從一九八八到二〇〇三年，檢驗長達十六年的預測準確度。這項研究不是以回顧式方法觀察十五年，因此不容易有後見之明的偏差。）

我推測，泰特洛克關於個人預測判斷的結果同樣適用於公司。一般而言，能夠因應外在環境變遷，進而彈性調整策略和作法的企業，表現應優於不知變通的企業。沒錯，一些刺蝟能有輝煌的業績，但失敗的也不在少數。究竟何者表現較好是屬於實證性的問題，目前還沒有相關的研究，所以我們只能猜測。但是，如果因為一些卓越企業屬於刺蝟型，就妄下定論說其他企業應該像刺蝟一樣追求一個大目標，這種論斷是很危險的。

也許有人反駁，刺蝟型的專注雖然有風險，但是要邁向卓越企業就必須放手一搏。畢竟，績效是相對而不是絕對的。採取刺蝟型作法也許合理，因為平均結果雖然不理想，但是潛藏著豐厚的報酬。這種說法不無道理，但需要略為修正。如果這正是柯林斯的本意，那非常值得肯定。只不過柯林斯從頭到尾並沒有提到，刺蝟型的專注雖然有風險，但企業仍應該仿效刺蝟。他對於豐厚報酬背後必須承擔相對較高的失敗風險，根本隻字未提。

《從A到A+》最動人的一課是：企業只要專注和堅持就可以邁向卓越，成功與環境無關，基礎階段必然會邁向突破階段。整本書沒有提出必須承擔可能或甚至巨大的風險。追求單一策略固然可能功成名就，但一敗塗地的風險更大。柯林斯只看到刺蝟型好的一面，卻忽略隨之而來的風險，鼓勵大家成為刺蝟型經理人。這種作法相當危險，企業不可能雙管齊下，因為一旦失敗就很難捲土重來。

如果柯林斯一開始就對狐狸刺蝟的寓言認知有誤，犯下許多錯誤便不足為奇。他表示，對人類有重大貢獻的人物──包括達爾文、馬克思和愛因斯坦，都是刺蝟型的人物。他們窮一生之力，鍥而不捨追求單一簡單的觀念。但是柏林的寓言並沒有這種涵義，刺蝟型和狐狸型只是人類兩種不同的做事方法而已。兩種類型都有卓越的人物，根據以撒・柏林的觀察，柏拉圖是刺蝟型，亞里斯多德是狐狸型；但丁是刺蝟型，而莎士比亞是狐狸型；杜斯妥也夫斯基和尼采屬於刺蝟型，哥德和喬伊斯是狐狸型。

其實，柯林斯對達爾文的判斷，同樣有可議之處：達爾文是傳統基督徒，經過幾十年的細心觀察和深思，提出物競天擇的革命性觀念──挑戰傳統教條並不是刺蝟型常見的行為。甚至馬克思是不是刺蝟型都很難說，像他的口頭禪「凡事存疑」，就是明顯的狐狸型思維。許多馬克思主義信徒也許是刺蝟型，但那又是另一回事了。

商業假象九：組織物理學的錯覺

最後一種錯覺，是強調凡事具有確定性及明確的因果關係，而不是充滿隨機和不確定性。市面上琳琅滿目的商管類暢銷書，紛紛提供必勝的成功保證，其中又以《從A到$^{+}$A》最為明顯。柯林斯一開始就透露自己的雄心：「要發現不受時空限制，任何企業都一體適用的答案。」他寫道：

> 工程學不斷地演進變化，物理學定律則是固定不變。我們的工作定位在尋找不受時空限制的原則——卓越組織永續的物理學，不論周遭環境如何演變，這些原則都是顛撲不破的真理。沒錯，某些應用會改變（工程學），但是組織人類行為的某種不變定律（物理學）將永恆持久。

提到物理學其來有自。物理學是最優美的科學，把人類智慧發揮到極致，將宇宙運轉簡化成簡單又準確的數學公式。誠如從物理學家轉型為金融專家的艾曼紐．德爾曼（Emanuel Derman）所說：「物理學家習慣以完美的數學程式呈現宇宙定律，然後用心推敲結果。宇宙的運轉，的確像知名瑞士錶一樣精準無誤：我們可以預測行星軌道，也能計算原子釋放的光頻到小數點第八或第十位。」物理學的崇高地位，使得略遜一籌的生物學和化學都患有「迷戀物理學」情結。把企業研究和物理學相提並論，算是太恭維作者和讀者了。

如果商場的運作像手錶一樣精準，或許《從A到$^{+}$A》的宗旨或許是合理的。既然可以預測行星運動，為什麼就不能預測企業績效？也許不論公司規模大小，真有不受時空限制，適用各行各業的優良管理通則？可能有一套重力法則，不管是現任者還是挑戰者，都可以同樣適用？不論成長迅速或穩定的企業，公司的原子結構都相同？

這種論調很吸引人。本章開頭引述《財星》雜誌專欄作家史丹利・賓恩的一番話，讓科學崇高的形象再次獲得肯定。我們盼望商場運作有一套精準的定律，能夠準確無誤地預測變化。但誠如第一章所言，商場最根本的問題，在於無法像物理學一樣，具有可預測性和複製性。不只現在不可能，未來也辦不到。因此薄樂斯和柯林斯承認：我們沒辦法把企業放在培養皿裡，進行完美的試驗。即使最傑出的企業研究、採取嚴謹的研究方法、避免光環效應、控制競爭變數，同時釐清相關性和因果關係，還是永遠無法達到物理學精準和可複製的境界。所有宣稱發現組織績效不變定律的說法，根本是無稽之談。

chapter 8

故事、科學和精神分裂的傑作

人類喜歡說故事，本身就是歷史的產物。我們熱中於掌握趨勢，部分原因是趨勢賦予時間一種方向感，可以發展成故事。另外。趨勢常常可以針對一連串事件提供訓勉：當事情搞砸時，找出讓人惋惜的原因，或是突顯可指引方向的希望燈塔。但是，想要找出趨勢的渴望，經常讓我們找到根本不存在的方向，或是一些難以自圓其說的原因。

——史蒂芬．古爾德，《生命的壯闊》

從《追求卓越》帶領風潮，經過《基業長青》、《4＋2：企業的成功方程式》，到《從A到$^+$A》，我們從中得到什麼啟示？

每項研究都自詡，資料蒐集完備、專家背書肯定、研究窮盡心力、分析精闢透徹，宣稱是前所未有的創舉、突破性的進展，而且更加接近事實真相。其中，最大言不慚的兩本著作，莫過於宣稱發現成功的必勝方程式和物理學的恆常定律。相形之下，開山大師彼得斯和華特曼的《追求卓越》就顯得含蓄，反而有點反璞歸真，回到比較謙虛的年代。儘管所有研究都吹噓採取嚴謹的科學方法，但核心問題依然懸而未決。這些作者都忽視問題的癥結所在，也就是過度依賴報章雜誌的報導、商學院的個案研究，以及回顧式的訪談，這些受到光環汙染的資料，讓他們的心血功虧一簣。

雖然這些書籍內容大同小異，但際遇卻大不相同。《追求卓越》和《基業長青》都是暢銷熱賣，創下佳績，但是《4＋2：企業的成功方程式》卻銷售平平。為什麼有如此天壤之別的待遇？

我推測，原因不在分析方法，因為這幾項研究連高中科學展的水準都比不上。關鍵在於《追求卓越》和《基業長青》以精彩動人的故事手法，擄獲讀者的心。彼得斯和華特曼創造一些膾炙人口的術語，例如行動導向、堅守本業、走動管理和寬嚴並濟；《基業長青》則高談膽大包天的目標、造鐘（clock building）和教派般的文化等。這些別出心裁的術語，不但讓人想一窺究竟，也引發熱烈討論。相反地，《4＋2：企業的成功方程式》顯得平淡無奇，像是策略、執行力、文化和組織等老掉牙術語。既沒創意又缺乏魅力，少了生動的比喻或鮮明的印象。彼得斯和華特曼，以及柯林斯和薄樂斯的研究雖然諸多謬誤，但共同的長處為：都是說故事高手。正如我們再三強調：故事把周遭世界描述得合情合理，提供行動方針，讓經理人對未來充滿信心。

《從A到$^{+}$A》的故事堪稱經典之作。這本書在二〇〇一年末隆重上市，隨即造成一股旋風，席捲市場。連續幾年登上《紐約時報》暢銷排行榜。到了二〇〇五年。銷售量突破三百萬冊，熱潮未歇。個中原因不難理解，誠如書中自承的，《從A到$^{+}$A》「像小說一樣輕鬆易讀」。書中一些像「第五級領導」和「史托克戴爾矛盾」（Stockdale Paradox）的觀念讓人耳目一新，農家乳酪的比喻新鮮有趣，刺蝟和狐狸的故事生動傳神，至於飛輪和命運環路的比喻，則讓人感受企業躍升到輝煌或盤旋下墜到滅亡的動力。

柯林斯自認自己的長處是從混沌中理出頭緒，一點也沒錯，《從A到$^{+}$A》正是採取小說慣用的手法。英國作家克里斯多夫．布克爾（Christopher Booker）在《七種基本布局》（*The Seven Basic Plots*，暫譯）一書中，列舉各種文化和不同時代中，最為常見的幾種故事布局，其中一項是「窮人翻身」（Rags to Riches）。布克爾寫道：「人類最著迷的幻想，莫過於出身寒微，後來功成名就。大家永遠懷有一夕致富的夢想，希望中樂透、孕育致富的點子，或是從芸芸眾生中脫穎而出，成為萬眾矚目的名人。」

窮人翻身的故事主角總是謙卑為懷、十全十美，經過一番冒險犯難，最後奇蹟似地功成名就、光宗耀祖。例如，聖經《創世紀篇》（Genesis）中的約瑟夫，或是拔取石中劍的亞瑟王、阿拉丁與神燈、灰姑娘和玻璃鞋，以及蕭伯納的賣花女。對於這些故事，你是否有似曾相識的感覺？一家胼手胝足創立的小公司。在業界沒沒無聞。憑著鍥而不捨的毅力艱苦奮鬥，終於出人頭地成為卓越企業，這就是《從A到$^{+}$A》的故事大綱。柯林斯根本不必大費周章，尋找真實個案以滿足我們最喜歡的情節，因為光是原文書名「從優秀到卓越」一詞，就已經和從乞丐到富翁相互呼應。

難怪《從A到$^{+}$A》暢銷大賣，因為這本書滿足了人類千年不墜的夢想和最深層的幻想，不論柯林斯描繪的願景是否真實；不論謙虛、堅毅與專注是否具備物理學的準確度，可否用來預測成功，這些都無關緊要。

但實情並非如此，在大部分評論者被柯林斯嚴謹、科學和辛苦的研究表象迷惑的同時，少數人卻洞察真相，認為那不過是讓人心情愉快的奇幻之旅。《華爾街日報》的喬治．安德斯（George Anders）指出，《從A到$^{+}$A》描繪出一幅介於諾曼．洛克威爾（Norman Rockwell，美國二十世紀早期的重要畫家，作品橫跨商業與愛國宣傳領域）和羅傑斯先生（Mister Rogers，美國電視兒童節目主持人，形象良好）之間的商業世界，充滿傳統的價值觀和舊時代優點，生活單純溫馨，讓人覺得安全放心。柯林斯的著作以簡單的故事傳遞正面訊息，這一點值得肯定，但若故事能再以嚴謹的科學包裝，就更具說服力了。

雨後春筍的商管暢銷書

尋找企業聖杯之旅，並未因《從A到A+》的出版畫下句點。反而因為《從A到A+》的大賣，類似書籍如雨後春筍般出現，個個誇口發掘出成功的祕訣。我案頭上有一本書是二○○六年出版的《大贏家與大輸家：長期經營成敗的四個祕訣》（*Big Winners and Big Losers: The 4 Secrets of Long-Term Business Success and Failure*，暫譯）。作者是明尼蘇達大學（University of Minnesota）策略和科技教授艾佛烈德．馬可斯（Alfred Marcus），出版者是華頓商學院出版社（Wharton School Publishing）。封面上的推薦名人全都來頭不小，包括達特茅斯學院、杜克大學（Duke University）、西北大學（Northwestern University）和麻省理工學院（MIT）等知名商學院的教授。這本書卡司陣容堅強，無人能及。

我在閱讀之前，衷心期盼這本書揭露真相，至少擺脫一些經營錯覺，正確地衡量企業績效。可是，只看幾頁就大失所望。單從書名宣稱揭露長期成功祕訣看來，就不是個好兆頭。書中開場先檢視之前的研究，包括彼得斯和華特曼、喬依斯、諾瑞亞、羅柏森，一直到柯林斯。依馬可斯的看法，前述研究都有個嚴重錯誤：只強調適應性或專注的重要，忽略了兩者並存的重要性。他對這次研究信心十足，並且指出企業持續成功的真正祕訣，在於適應性和專注必須雙管齊下。

還好，這本書沒有宣稱發現組織物理學的定律。但除此之外，所有的情節都似曾相識。這本書誇口研究嚴謹：仔細研究一九九二到二〇〇二年間，數千家企業的表現。同時，根據績效結果挑選高績效和低績效的樣本進行比較。馬可斯還指定MBA在職班研究生分析這些企業，作為資料來源。請在職主管當研究員並無不妥，只要資料有效且有品質；經理人的研究能力比起研究生和教授毫不遜色。實際上，經理人也許更能公正客觀地面對結果，不會為了支持某種論點而誇大其詞。問題的關鍵還是在於資料的品質，這項號稱分析嚴謹、鉅細靡遺的研究，究竟使用哪些資料？

大部分還是之前再三提及的錯誤來源：經理人的事後回顧、公司的文宣和報章雜誌的報導。至於所謂「長期成功的祕訣」，馬可斯發現大贏家是找到產業的利基點，而且管理得當、適應力強、有紀律且專注；大輸家則是身陷泥沼、管理僵化、鬆散且漫無目標。但是按過去經驗，成功企業總是被認為紀律嚴明，失敗企業則是鬆散怠惰；轉型成功的企業是適應力強，而堅守本業的則是固執僵化。

除非這些形容詞沒有受到績效先入為主的偏見影響，否則還是一堆光環效應，只不過是蒐集成功和普通企業的特質，並沒有指出成功或失敗的動因。這本書還是老調重彈，指出企業有一套邁向成功的簡單公式，完全不需理會其他企業的作法，也沒有注意績效是相對的觀念，或是經理人若要超越對手，必須精打細算後承擔風險。研究的期間和樣本也許不同，但結果半斤八兩，毫無特色可言。

《大贏家與大輸家》順帶提到一個有趣但未經仔細檢驗的看法：馬可斯指出，大輸家是大型企業，而大贏家則以中小型企業居多。這項觀察應該會激起大家的好奇心，因為理論上來說，大型企業應該是一帆風順，否則就無法成為大企業，不過似乎有什麼因素造成其高績效表現難以為繼。是否捨棄原先的成功作法？或是驕矜自滿招來失敗？還是作法根本沒變，但隨著規模變大，市場競爭的蠶食鯨吞，績效表現因而回歸一般水準？小型企業比較常見大好大壞的兩極表現，有一家公司尤其吸引馬可斯的注意。金寶湯公司（Campbell Soup）在一九九二到二〇〇二年間被認為是績效低落的失敗者，但金寶湯在《4＋2：企業的成功方程式》研究的十年期間，也就是一九八六到一九九六年間被評定為成功者，在兩個五年期間都有良好的績效表現。

難道金寶湯是在短期內改變成功的策略嗎？到底是傻傻地進入新市場，還是更改賴以成名的番茄湯配方？是因為市場力量、競爭加劇，還是顧客口味改變而使業績變差？書中完全沒有談到金寶湯績效下滑的原因，只是根據結果蒐集到企業的特徵，答案當然是在意料之中。遺憾的是，儘管這項最新研究號稱使用改進的方法，但仍犯下相同的錯誤，對於解答企業成功之鑰為何，依然無功而返。

好科學，爛故事？

當然，不是市面上的企業管理書籍都流於說故事形式。有些企業績效的研究，不但過程嚴謹講究方法，而且極力避開光環效應和其他錯覺。其中一例，是芝加哥大學（University of Chicago）的瑪莉安・博謙德（Marianne Bertrand）和ＭＩＴ的安東奈特・史考勒（Antoinette Schoar），研究執行長個人的領導風格對企業績效的影響力。商場經常流傳成功企業執行長個人卓越領導的逸事——這是不可避免的光環效應。博謙德和史考勒知道，如果蒐集成千上萬的雜誌文章或報導，還是請經理人評論執行長行事作風，都不過是在蒐集光環而已。於是，他們以兩項特定策略定義「管理風格」：投資策略（主要參考資本支出和管理成本，以及併購次數）和財務策略（主要參考負債和股利狀況）。這兩項都是客觀且可以衡量的指標，沒有模糊及難以定義的問題。

接著，他們蒐集審核過去的財務資料，以避免光環效應。此外，控制一些變數，觀察執行長長期的策略，以及檢驗其在兩家以上公司任內的表現。這是嚴謹、紮實的社會科學研究案例。結果博謙德和史考勒發現，個別執行長的確對於投資策略和財務策略有偏好的行事作風，而此種偏好大約能解釋四％的公司績效變異。換言之，在控制其他變數的條件下，經理人行事風格對於公司績效的影響是四％。這是很重要的統計發現，可是故事張力不足。如果你對經理人說：如果做這些事情，在其他狀況不變的前提下，便可以提升公司四%的績效。相信經理人聽了這番話，一定意興闌珊，而且鬥志全消。嚴謹的研究未必能成為精彩動人的故事。

再舉第二個例子。倫敦政治經濟學院（London School of Economic）的尼克・卜倫（Nick Bloom）和麥肯錫顧問公司的史帝芬・鐸根（Stephen Dorgan），檢驗某些管理措施和公司績效的關連性。以往，彼得斯和華特曼提出的問題是：卓越績效的動因為何？長青計畫想解答的問題是：有效的作法是什麼？卜倫和鐸根的問題大同小異，只是採取不同的方法。他們並未先挑選高績效的企業名單，事後再找出共同點，而是從美國和歐洲挑選七百家中型，而且績效有高有低的製造商。他們也沒有請受訪者針對企業文化、管理品質或顧客導向作答，因為答案容易受到績效的影響，而是請經理人描述公司具體的作法，並仔細推敲提問的遣詞用字，以確定答案不受光環效應影響。

為提升資料的有效性，他們採用「雙盲」方式蒐集並解讀資料：受訪者只是關於策略的研究，和公司績效無關；蒐集資料的人也不知道被研究公司的績效，以排除可能的誤差。最後，由於這份研究只蒐集固定時間點的資料——橫切面而不是縱切面的方法，作者小心翼翼指出，他們只發現相關性而不是因果關係。他們甚至建議可以從反向找出因果關係——高績效的企業或許有更充裕的資金或資源採取某些管理措施。他們謹慎保守地解讀最後結果。如此一來，卜倫和鐸根究竟發現了什麼？

研究結果顯示，特定的管理措施的確造成績效的差異，可以解釋企業績效總變異數的一〇%。換言之，一家企業在各方面採取最佳實務——從製造流程到顧客服務、人資管理或者是財務管理，表現會比遲鈍散漫的企業領先績效一〇%。這不但具有統計上的意義，還是個重要的發現，但作者並未指出公司採用哪些管理措施，就能穩操勝券。雖然是一項謹慎、明確且嚴謹的傑出社會科學研究，但作者卻未誇口做出任何保證。

這幾項類似的研究，符合嚴謹科學研究方法，卻未像故事一樣大放異彩。事實上，如果認定故事的標準是提供行動方針，這些研究就無法構成故事的條件。就這七百家公司的研究而言，平均對公司績效的影響力是一〇%，但經理人完全無法判斷對自己公司的影響，因為可能高也可能低，甚至完全沒有影響。這份研究沒有激發經理人立即採取行動的成功保證或承諾。你是否會納悶，為何宣稱揭露成功祕訣的書籍廣受市場歡迎？正是因為這類暢銷商管書提供簡單、明確的架構，幫助經理人把複雜的真實世界化繁為簡，告訴大家只要謙虛和堅持到底，成功便指日可待，只要有毅力和耐心，距離卓越就不遠了。

根據史丹佛大學的詹姆斯．馬奇（James March）和羅伯．蘇頓（Robert Sutton）的研究，這類有關組織績效研究的結果，代表兩種截然不同的世界：第一種世界告訴務實的經理人，如何提升績效和伴隨而來的報酬。這類研究的主要用意在於激勵人心，讓人感覺放心。

第二種世界，著眼於遵守嚴謹學術標準的需要和伴隨的成就感。這類研究，科學擺第一，說故事則居次要地位。馬奇和蘇頓解釋：「為滿足這兩種相互衝突的需求，研究組織的團體有時會坦承，無法從現有資料推論績效的成因，但另一方面又迫不及待推出這類結論。」這種現象叫做「精神分裂的傑作」（schizophrenic tour de force）。也就是「顧問和學者的角色需求和研究員的角色需求脫勾」。兩種世界根據不同邏輯運轉，依循不同法則，針對不同讀者說不同的話，彷彿是互不交會的兩條平行線。

兩個截然不同世界根據不同邏輯各自運轉，這已經夠複雜了，但麻煩的還在後頭。有關公司績效的故事，為了提高說服力，往往披著科學的外衣，宣稱是嘔心瀝血的研究、蒐集堆積如山的資料、獲得專家學者的肯定、發現的原則具有科學正確性，這就是嚴謹研究的錯覺。先前提到的暢銷書，莫不宣稱在研究方法和資料蒐集上耗盡心力，讀者和評論者也被這規模龐大、曠日費時的研究所迷惑。當然，我們現在知道這些資料有缺點，而且提高績效的解釋也讓人存疑。然而，一篇精彩動人的故事，尤其宣稱有科學根據的讓人印象更深，將可帶來豐厚的報酬。根據《經濟學人》的報導，彼得斯每次出席的費用是八萬五千美元，柯林斯則是十五萬。編撰企業成功的故事，是有利可圖的龐大市場。想想看，會有企業願意一場演講花八萬五千或十五萬美元，請博謙德和史考勒談論「四%重要的績效差異」嗎？看來可能性不大。

我在第一章引用法蘭克・辛納屈的歌詞：「我們知道的太少，還有很多等著去發掘。」如果編撰一篇精彩萬分和激勵人心的故事最為重要，那麼嚴謹的科學便英雄無用武之地。也許這首歌的最後一句歌詞最能帶來啟示：「這一點也不重要，因為我們知道的太少。」

好聽的故事，還是危險的錯覺……

也許有人認為，最好的方法是拒絕故事，對於企業管理的研究完全採用科學方法。但我倒不認為有此必要，生活周遭充滿各式各樣的故事，把盤根交錯的事件用前後相連的方式交代，能讓人們在做事時，有精神層次的依靠。故事提供古爾德所謂的「希望燈塔」，激勵人們採取行動。

我常愛引用像古爾德和費曼等科學家和大學教授的話，他們不憚其煩地調整研究，不斷地實驗或蒐集更多資料，直到找到滿意的答案為止。然而，現實的經理人卻必須有所行動，浪費脣舌作行動路線之爭，無助於成功。尤其績效是相對的，原地踏步的企業很少能夠成功。另一位「高階主管」，美國前總統杜魯門（Harry S. Truman），曾經說過一段耐人尋味的話，他希望找位獨臂顧問，因為他已經厭煩顧問們老是說：「一方面（這隻手）……但另一方面（另一隻手）……。」（on one hand . . . and on the other hand . . .）執行長必須付諸行動，也許這正是專注於一件事情的刺蝟，比足智多謀的狐狸更討人喜歡的原因。

評定故事好壞的標準，不在於是否具備科學般的準確性——事實上也是強人所難。好的故事應該引導大家尋找真相，或至少激勵大家採取正確的作法。根據這些標準，對於市面上的暢銷企管書籍就不必過於苛責。因為從彼得斯到柯林斯都是老調重彈，不外乎訓勉經理人：企業要脫穎而出，就必須堅持深信的價值觀、追求清晰願景、關心員工、專注顧客需求，以及精益求精。如果經理人恪遵這些基本原則，當然是件好事。但是做得到嗎？當然。我們也樂見一群像諾曼·洛克威爾的樂觀主義者。

根據我的經驗，這些基本原則並非一無可取。一九八〇年代，我在惠普科技工作了六年。惠普公司獲得《追求卓越》和《基業長青》的高度評價，也是美國企業史上最積極和成功的企業之一。公司具有強烈的共同價值觀、堅持授權員工、創新的文化等信念。而且，在我職涯中最景仰的執行長大衛·普克（David Packard），不但聰明睿智、實事求是、率直謙虛，對公司有強烈的使命感，同時樂於擔任公僕，可說是柯林斯所謂第五級領導的典範。整體而言，我也認同這些暢銷書的一些內容。大部分企業只要遵循這些原則，都能獲益匪淺。作者如果以生動精彩的手法呈現，讓幾百萬名經理人容易接受這些觀念，並牢記在心，也算是功德一件。

此外，我們喜歡說故事，首尾相連地交代事情的來龍去脈，但也因此無法認清真相，或是做出錯誤推論。因為，故事為了符合劇情需要，刻意刪除或竄改事實。就像由約翰・福特（John Ford）於一九六二年所執導，緬懷西部開拓史的經典名片《雙虎屠龍》（*The Man Who Shot Liberty Valance*）一樣，片中地方小報的編輯，決定不報導可能揭露誰是殺死鎮上惡棍兇手的故事。他說：「老兄，這地方可是西部。當傳說變成事實時，我們就報導傳說！」我們看過的一些研究和這有異曲同工之妙：他們不斷報導傳說，直到我們信以為真。因此，關於企業績效的故事，雖然讓人覺得寬心，但利弊參半。他們是否把複雜的現象，過度簡化成一幅簡單的藍圖？果真如此，我們應該小心謹慎，即使這幅畫賞心悅目，也不要被表象所蒙蔽。前面幾章所提到的錯覺，真的禍害匪淺嗎？我想答案是肯定的，原因如下。

永續成功的錯覺：認為永續經營的企業不但可行，還是值得努力的目標。然而，長期績效超越市場平均的企業不但屈指可數，還是刻意營造的假象，只存在事後的回憶裡。我們應該了解，長期成功的企業，其實是靠一連串短期成功累積而成的。一心追求永續不墜的偉大夢想，反而可能忽略贏得眼前戰役的迫切性。

絕對績效的錯覺：讓我們忽視在競爭環境中，勝敗乃兵家常事。相信成功操之在己，固然讓自己比較寬心，不過就像凱瑪百貨的例子，企業可以提升絕對績效，但相對績效還是落後對手。成功的企業不只是把事情做好，還必須超越對手。如果誤以為績效好壞是絕對的，會讓我們面對競爭對手時掉以輕心，忽略產業環境和競爭動態等特殊狀況，因而無法採取有風險卻攸關存亡的重大決定。

孤注一擲的錯覺：讓我們混淆因果關係，無法分辨前因後果。我們也許看到一些成功的非凡企業，認為依樣畫葫蘆也可以成功。實際上，這種作法反而可能造成決策游移不定，降低成功機率。除非我們針對所有企業的作法及實行成果追根究柢，否則只是得到不完整又偏頗的資訊。

組織物理學的錯覺：讓我們誤以為商場會依照恆常法則運轉，績效結果可以預測。而且，讓人誤以為有一套通用的法則可以適用各種環境，不需要順應環境變遷而調整，包括對於競爭激烈程度、成長率、對手規模、市場集中度、法規，以及全球分工等現象，都可以視而不見。宣稱有一套不受時空限制、企業一體適用的法則，雖然訴求簡單明瞭，但面對複雜多變的商場，其實是過於簡化草率。

上述觀點，揭露企管書籍所精心構築的空中閣樓：企業可以邁向卓越，採取一些必勝作法，則勝利近在眼前，成功完全操之在己，與不可控制的因素無關。我們都熟悉坊間一些自助書籍，教大家如何以簡單的五招成為百萬富翁，或是兩個星期瘦十公斤，還是激發本身無窮的潛能。再者，如果我們認同這些商管書的觀點，那麼反證也應該成立：如果企業永遠無法成為卓越，經理人一定沒有落實這些原則，一定忽略了正確的步驟或是偏離正途。如果邁向卓越操之在我，一旦無法邁向卓越，則經理人也是責無旁貸。

樂高續集

再回到樂高，還記得二〇〇四年一月，在經歷悲慘的銷售旺季之後，普勞曼被迫下臺，所有媒體一致認為他罪有應得，因為樂高的銷售額和利潤大幅下滑，新聞界認為樂高偏離核心，原因就是普勞曼犯下大錯，早該滾蛋。雖然，二〇〇三年是樂高悲慘的一年，但這不是問題的核心，真正的問題是：樂高嚴重虧損究竟是普勞曼的決策錯誤所造成，還是另有其他原因？

當然，普勞曼或許領導無方，只要他下臺，樂高的業績可能會有起色。但也有可能樂高早已病入膏肓，不是光靠普勞曼個人微薄的力量，就能夠扭轉乾坤。搞不好早在普勞曼一九九九年上任之前，公司就埋下隱憂，因為前任者再三想脫離已成夕陽工業的積木玩具，卻無法如願，困在狹隘的核心本業太久。果真如此，開除普勞曼不過是直覺反應，純粹是找人頂罪負責，並不是周延的商業決策。普勞曼的繼任者，表示要回歸核心本業，只是他也許會發現，走回頭路是件更吃力的工作。要是樂高業績依然沒有起色，新執行長同樣難逃下臺命運，也許有一天會有人將他和凱瑪百貨相提並論，一樣犯下幾項重大錯誤：策略不明、執行不力、文化散漫，受到大而無當的組織所拖累。

樂高在開除普勞曼的後續發展如何？銷售量持續下滑，從二〇〇三年的六十八億丹麥幣，下滑到二〇〇四年的六十三億，而且虧損連連。新任執行長將重心轉向刪減成本：二〇〇五年，樂高出售樂高樂園（Legoland）：減少在丹麥、瑞士和美國的製造比例，把生產重心移轉到東歐和亞洲的低成本地區：總共裁員一千二百人，約占員工總數的二〇%。結果如何？二〇〇五年，樂高終於轉虧為盈。但那是忍痛大幅刪減費用的結果，並不是因為核心本業成長而獲利。

如果普勞曼繼續在任，樂高的情況是好是壞？我不確定，相信也沒有人有答案。我們沒辦法回到過去，改變某項變數再重來一次，並採取科學實驗方式評估執行長的績效。但我推測，樂高的問題並不是短期內任何一位執行長可以解決的。找個代罪羔羊很容易，因為訴求簡單明確，但那並不是經營企業的正確作法。

chapter 9

所有企業的根本問題

所謂智者的任務之一，是破除過度簡化或精簡濃縮的現象，指出實際狀況遠比所呈現的複雜。然而，我們必須留意，一些複雜的現象常常被刻意營造得艱澀難懂。此時便要欣然舉起老奧坎（Occam）的剃刀，排除不必要的假設，然後宣告真相沒有表面上看來那麼複雜。

——克里斯多福．希鈞斯（Christopher Hitchens），《異見者——致憤怒的青年世代》（*Letters to a Young Contrarian*）

對精明的經理人而言，揭露若干企業經營的錯覺固然重要，但還不夠，因為企業的根本問題依然懸而未決：高績效的動因是什麼？到目前為止，讀者也許會有些沮喪，覺得以前的認知錯誤，完全派不上用場。滿意的員工是否會帶來高績效？也許，但是無法正確評估影響力，而且可能倒果為因：企業績效的好壞決定員工的滿意度。強健的企業文化可以提升高績效嗎？經理人不是應該努力建立強烈的共同價值觀嗎？沒錯，但文化對績效的影響力還是難以衡量。同樣地，我們對於兩者前因後果的關係也不確定，因為成功的企業常被認定為具有強健的文化。

至於顧客導向呢？企業親近顧客是不是很重要？沒錯，只是要慎思明辨，否則無論任何一家高績效企業，都會被認為是顧客導向，而銷售量下滑或利潤縮減的企業，一定是背離了顧客。領導力也同樣欠缺說服力，因為成功企業的領導人總是英明睿智、高瞻遠矚和溝通無礙；失敗企業的領導人則是亂無章法、一無是處。

當我們推翻上述種種因素，認為都不是提升績效的動因，只是根據績效結果歸納的特質時，不禁想問：到底什麼才是企業高績效真正的動因？蕭伯納曾說，淑女和賣花女的差別不在於行為舉止，而是被對待的方式。但這還是不能說明，為什麼有些人天生就是淑女？如果推說因為出身富裕家庭，只不過把問題回溯到上一代——我們還是想追根究柢，為什麼她們上一代的際遇有所不同？因此仍要回到最根本的問題：高績效的動因是什麼？

管理大師和學者專家信誓旦旦指出，企業只要用心遵循一套準則——四種要素、六個步驟或八項原則，照本宣科則成功指日可待。但是引述克里斯多福．希鈞斯的說法，這些強調必勝步驟和成功方程式的書籍，都是在模糊事情的真相，讓人誤以為一套精心設計的步驟就是成功保證。萬一達不到卓越境界，問題不在方程式出錯，一定是自己努力不夠或沒有落實執行，因為這些步驟都是經過嚴謹研究，耗費心力分析龐大資料的心血結晶。

事實上，真相可能很單純，並不如想像中複雜。這些複雜的方程式，反而可能擾亂我們的注意力，無法洞悉企業經營的本質。雖然可以用盡各種方法提高成功機會，但企業績效仍充滿不確定性。企業績效或許沒有想像中複雜，本身依然充滿變數，無法準確預知結果。

我對企業績效的看法如下。根據哈佛商學院麥可．波特的見解，企業績效有兩種動因：策略和執行力。所謂策略，就是執行不同於對手的作法，或是以不同的方式執行相同的作法。策略不是目標或目的，也不是願景、使命或宗旨，策略是和對手進行差異性區隔的重要作法。而所謂執行力，就是落實這些作法的能力。執行力的意涵是：一群員工在完善的組織環境下，合作無間、動用資源、落實策略。至於打造高品質產品、提供顧客服務、管理營運資本、培養人才，都不算是策略，因為這是所有企業的共同目標，只是日常管理工作，強調的是順暢營運。當我們看到，只需要策略和執行力兩個項目就足以解釋高績效，不免燃起希望——只有兩項，沒有長篇大論的廢話！而且，這本來就是經理人分內的職責！但仔細思考之後，發現這兩件事充滿不確定性。這也應證之前談到的：所有的成功藍圖中，必勝保證和恆常定律都是一種錯覺。

危機重重的策略選擇……

企業無時無刻不在面臨各種策略的選擇。應該投入什麼產品和市場？應該採取什麼行動？該如何與供應商或合作夥伴攜手合作？如何和對手進行區隔定位——走高階路線或是訴求低成本？企業不能奢望隨時隨地滿足所有顧客的所有需求。因此，必須對產品、市場、行動和定位有所取捨，沒辦法面面俱到。這些不只是展現企圖心的選擇，也是區隔對手的重要決定。然而選擇差異，同時隱含著風險。

在大部分的商管書籍中，可能無法找到認知策略選擇本身帶有風險的說法。例如，長青計畫建議，企業要「規畫並維持一套明確清晰的策略」，至於策略本身則不是重點。作者認為：「企業追求成長，不論採取自發性成長或是併購，甚至是雙管齊下，都可以達到成長目的。」他們繼續說道：「不管採取的是降低成本或創新產品等任何策略，只要明定方向、清楚傳達，以及對員工、顧客、合作夥伴或投資人充分溝通，則一定可行。」這番話背離事實，有誤導之嫌。的確，一些卓越企業的成長方式各有不同，有的靠自發性擴張，有的靠併購，有的提供低價產品，有的著重創新。但那並不表示，只要方向明確、溝通清楚，每家公司的策略無分軒輊，全都一樣好。這種想法根本大錯特錯，在某些市場，某些策略不但愚不可及，甚至是自取滅亡。

舉例而言，在呈現飽和的成熟產業卻追求擴充產能，就是錯誤的決策，即使經過充分溝通、方向明確，也於事無補。同樣地，《從A到A+》也低估策略選擇的風險。柯林斯開場就說：「我們期待有志從優秀邁向卓越的領導人，先要設定全新的願景和策略。」此外，研究團隊也發現，成功的企業都是先組成一支優秀團隊，再遵循一套成功的策略。卓越企業「請合適的員工上車，不合適的下車，合適的員工各就各位，然後再思考車子開往何處。」這就是《從A到A+》對策略選擇的看法，對於競爭對手、定位或風險等議題，完全略而不談。策略甚至還不是書上的內容主題，只是列在附錄參考而已。

這些書籍都忽略商場上的重要事實：**因為無法預測策略選擇的最終結果，所以策略必然有風險存在**。策略選擇充滿不確定性的原因有幾項：第一個原因和顧客有關。我們很難掌握顧客對於新產品或新服務的接受度，以及願意支付的價格。當然，市場調查是掌握顧客偏好的有效方法，就像第一章提到的哈樂斯娛樂公司。有的企業則採用科學的實驗方式，提供一個天然的實驗室，在嚴格控制的環境下，檢驗某項變數的影響。只不過，有些新產品或新經營模式並不容易採用實驗的方法。事實上，過去採信市場研究卻鎩羽而歸的例子屢見不鮮。著名的太陽唱片（Sun Records）製作人山姆・菲利普斯（Sam Phillips）曾提出警告：「每次當你自認掌握大眾的口味偏好，這時去照照鏡子，你就會看到一個大笨蛋。」市場反應捉摸不定，睿智的主管應該心知肚明。

策略風險的第二項因素是競爭者。企業即使精準掌握顧客的反應，還是得面對對手的競爭。有些競爭對手同樣精準掌握顧客，可能採取相同的策略，甚至推出革命性產品或服務而遙遙領先。企業一般很難掌握對手動態，尤其是對手也虎視眈眈想掌握我們的行動。經濟學很流行所謂的賽局理論（game theory），說明在只有兩名參與者的情況下，爾虞我詐的簡單模型，稱之為囚犯困境（Prisoner's Dilemma）當參與賽局的人數增加，各自擁有不同的資源、能力和風險偏好時，整個賽局的複雜程度會呈倍數增加。

第三項風險來源是科技。有些產業的產品性質穩定，顧客需求長期固定不變，所以績效相對穩定。比如，家樂氏（Kellogg's）玉米片每年的利潤大概保持穩定，因為大家每天固定吃早餐，市面上沒有更好的產品，加上本身又是知名品牌，所以有穩定的營業額和利潤（至少在基因改造和自有品牌玉米片尚未崛起，或是還沒有被大型零售商壓榨剝削之前——誠如態彼得所言，沒有永遠不變的事）。但是，其他產業的科技進步一日千里，企業被迫不停地選擇策略，而且每次選擇都攸關生死存亡。

哈佛商學院教授克雷頓．克里斯汀生（Clayton Christensen）有項傑出的研究指出，絕大部分的產業，從大型挖土機具、光碟機到鋼鐵廠，原本成功的企業不斷被新科技淘汰出局。他們失敗的原因不是管理不善，而是一種潛伏不易察覺的原因。相反地，這些企業失敗的原因是做好每一件事：專注顧客需求、投資潛力無窮的新產品，結果反而容易受到新科技的衝擊。現有的企業，最初經常對於破壞性創新（disruptive technology）不屑一顧，因為無法滿足顧客眼前的需求，也無法保證大幅增加營業額，所以不以為意。等到技術不斷精進，取代現有技術，終於成為市場領導者的夢魘。畢竟，企業很難判斷哪些新科技只是曇花一現，可以放心置之不理，哪些將會改變產業，不可輕忽，必須及早因應。

綜觀這三種因素：顧客需求的不確定性，競爭對手捉摸不定，以及科技日新月異，就可以了解策略選擇具有先天的風險性；尤其高科技產業的風險，更是凌駕所有產業之上。柯林斯曾訝異地表示，十一家卓越企業竟然都是零售、消費性產品、金融服務和鋼鐵等傳統產業的業者。他因此振振有詞地說：「躋身卓越企業，不必進入風光的高科技或生化科技產業。如果這些平凡的傳統企業都能躍升卓越，相信你一定也辦得到！」

但我認為，另一種解釋可能更合理一些。傳統產業可以說是過氣的產業，比較好聽的說法是穩定的產業。這類產業的技術變化不大，不易受到顧客需求變動影響，競爭較不激烈。這表示，比起大起大落的產業，傳統產業每年的績效相對較穩定。相反地，高科技公司很難連續十五年維持高績效表現。《追求卓越》所列舉三十五家美國頂尖企業中，有幾家是屬於高科技產業：電腦製造商安達爾（Amdahl）、通用資料（Data General）、迪吉多、IBM、惠普科技及王安實驗室；再加上半導體廠商，像英特爾、國家半導體（National Semiconductor）和德州儀器。研究結束的十年後，這些公司的表現沒有一家優於市場平均值。固然宣稱每家企業都可能躍升為卓越企業，是激勵人心的故事題材，但符合十五年表現優於市場平均的企業，竟然都是以消費性產品為主，像是菸草、刮鬍刀、衛生紙，或是雜貨零售商，不然就是提供消費性貸款的金融服務業者。柯林斯說，企業即使處於不利的地位，還是能成為卓越企業，但最新的證據顯示他言過其實。如果卓越的標準必須是連續十五年有高績效表現，或許只有穩定產業的企業才可能脫穎而出。

風險的最後一項來源，並不是顧客、競爭對手和科技等外在因素，而是企業內部能力的不確定性。經理人無法依據公司既有的人才、技術和經驗，預測實行新措施的最後結果。策略學教授稱之為「因果模糊性」（causal ambiguity），也就是企業內部種種因素錯綜複雜，很難明確掌握一套新措施的可能結果。綜合上述說法，策略選擇本身的風險性不言自明。

經理人該如何因應各種不確定性？應該採取狐狸型作法，放眼天下、不斷吸收各種資訊，然後調整和改變計畫？還是採取刺蝟型專心一致的方式？後者顯然比較容易與員工溝通，員工也容易信心十足地遵循，有些專家認為那是比較有效的作法。彼得斯和華特曼推崇堅守本業的價值：長青計畫強調明確清晰、專注策略的重要性；而柯林斯所謂十一家卓越企業，更是全部具備刺蝟專注的特性。

此外，第一章提到貝恩企管顧問公司的祖克，研究一千八百五十四家企業十年的表現後發現，達到高績效（定義為持續性獲利成長）的企業當中，有七八%專注於一項核心本業。

其中的涵義是：專注在核心本業的企業表現比較好。但務必小心解讀，也許真有七八％的高績效企業專注在單一的核心業務，但並不意味專注單一核心業務就能提高成功機率。因為，我們不知道專注核心業務的企業，占整體企業數量的比例。我們務必要弄清楚，問題的關鍵不在於多少成功企業專注於核心業務，而是專注核心業務的企業是否成功機率較高。既然企業通常堅守所謂的勝利方程式，則改變策略可能是績效不彰的原因，也可能是結果。

另一個有趣但尚未解答的問題是：當企業的核心業務面臨壓力時，該如何因應？如果更像一隻刺蝟，加倍專注在某一核心業務，就能提升成功機會嗎？還是要像狐狸審時度勢，伺機調適才比較有利？這是經理人日常工作必須面對的棘手問題。第一章提到，諾基亞手機面臨新競爭者的威脅，以及樂高面臨傳統玩具需求的式微，都是這類狀況。至於目前還沒有相關研究的原因，或許是因為這類問題無法以長期觀察和研究全部類型得到答案，必須採取不同的研究方法，抽離特定的決策點，並比較採取不同路線企業的命運。截至目前為止，這個問題還沒有令人滿意的解答。

我們必須面對一個殘酷的事實，策略選擇對企業績效而言固然重要，但本身充滿風險。我們可以在事後挑選一些成功企業，推崇當初的明智抉擇，但是別忘了，決策之初必然經過一番激辯，而且風險極大。

麥當勞開連鎖店的策略，如今看來是明智的選擇，但在一九五〇年代可是一項創舉；戴爾電腦的直銷策略看似聰明，其實是嘗試傳統通路多次失敗後的決定；還有，當初思科選擇以併購方式擴大產品線；艾波比決定大膽透過整併和刪減成本，提升歐洲電力產業的效率，參與這些決策的經理人，都是深思熟慮之後，才決定出和對手差異化的策略。現在，我們對這些決策印象深刻，是因為結果很成功，但成功不是必然。史丹佛大學的馬奇和紐約大學的祖爾・夏普瑞（Zur Shapira）解釋：「事後回顧歷史，常將過去簡化、以『機會』解釋一切，不論所謂機會是合理的機率現象，還是無法解釋的變數。」但機會的確扮演重要角色，而我們也常事後以成敗論英雄，判斷高瞻遠矚和愚不可及策略的差異。策略選擇充滿風險無庸置疑，因此**領導人的任務，便是蒐集正確的資訊後仔細評估，衡量現有的競爭環境，做出帶有風險、但最有成功把握的決定**。

策略正確，欠缺的是執行力？

近年來，企業績效的第二根支柱——執行力，成為熱門的話題。一些傑出的企業領袖，也不斷鼓吹執行力的重要性。先後擔任奇異電氣和漢威聯合（Honeywell）高階行政主管的賴利・包熙迪（Larry Bossidy）認為，執行力不只是企業績效的重要元素而已，還是最重要的一個。他說：「執行力是現今企業最忽視的議題。缺乏執行力是成功最大的障礙，也是失敗的根源。人們往往誤把挫折歸咎於其他因素。策略除非化為具體行動，否則一切都是空談——具體行動就是執行力的內涵。」這番話聽起來頗能振奮人心。因為，如果執行力不只是最重要的因素，而且不像策略選擇那樣充滿不確定性，經理人終於可以預測改善企業績效的成果。

執行力的確不像策略選擇充滿變數，因為策略選擇和顧客的偏好、競爭對手的行動和科技的進展等複雜的外部因素，息息相關。相對而言，執行力就發生在周遭的工作環境，由企業員工團結合作，努力達成事先取得共識的策略，完全由公司內部決定。執行力幾乎沒有不確定的成分。

然而，執行力還是充滿許多變數。畢竟，組織不是機器的零件系統，可以隨時互換或替代。組織是所謂的「社會技術系統」（sociotechnical system），結合人與機器、員工與事務、硬體與軟體，以及觀念與態度。科技元素可以抄襲應用，產生預期的結果。例如，不同的企業可以採取相同的製造方法、生產配方、存貨管理和電腦系統等，產生類似的效果。但是，一旦技術系統考量其與社會體系、員工、價值觀、態度和期待之間的互動關係後，便很難預測結果。

就以人力資源管理的政策為例，第五章曾提到胡斯里和貝克的研究，發現人力資源管理政策深深影響公司績效，建議經理人應採用先進的人力資源政策。但他們也提出警告，由於每家企業都有不同的員工、規範和傳統，並不是所有組織一體適用相同的人力資源政策。這種人力資源政策影響績效的現象，反映出所謂「獨特的偶發事件」（idiosyncratic contingency）。有效的執行力仍舊有其不確定性。

「獨特的偶發事件」有點類似「因果模糊」，都是博士們表達「我不知道」的委婉說法。不過那的確也是事實，企業即使竭盡所能，也很難在複雜的組織中，處理好員工和流程共同運作的問題，更別說是要移植到其他組織後，還能得出相同的結果了。即使原本規畫妥善，想要提升績效，還是無法完全預期實行一套措施之後，對於企業績效會有什麼影響。

這也是前一章裡，卜倫和鐸根的研究結果，顯示出管理政策對績效解釋力很低的原因。他們發現採取某種管理措施，只能解釋企業績效一〇%的差異。為什麼只有一〇%？因為相同的措施受到各種因素的影響，便會產生不同的結果。組織的員工、技術、期待及組織環境等因素，都會影響結果。這並不表示作法上有優劣之分，或是對大部分企業無效，當中只是說明，執行力和策略一樣無法預測因果關係。我們嘗試剝離並了解組織內部運作情形的努力，頂多只是略有小成而已。

執行力是企業績效的重要因素，能獲得大家的重視自然是件好事。市面上各式各樣的書籍文章，諄諄教誨要大家把事情做好。我們一再聽到的是「零缺點執行力」（flawless execution），那是在《4＋2：企業的成功方程式》中所列舉四項要素之一，當時就採用了這個術語：成功企業必須「培養和維持零缺點營運執行力」。有一本書叫《零缺點執行力》（*Flawless Execution*，暫譯），宣稱提供一些妙方，可以讓企業達到卓越績效和「贏得商場上的戰爭」。美國《商業周刊》也引用相同的術語，形容日產汽車（Nissan）面對豐田的挑戰：「日產的執行力必定是零缺點。」這些應該都是好事一樁，因為不只認知執行效率的重要性，而且還設定高難度目標：零缺點執行力。

根據我的經驗，大家對於執行力的忠告，往往因為一些基本錯誤而使得效果大打折扣。我最近出席一場說明會，主講人是某知名跨國企業的高階主管，對象是四十位來自全球各地的經理人。該公司績效良好，是業界龍頭、也是家健全的公司。這位高階主管演講的開場白，談到公司面臨的挑戰時，語氣激昂地說：「我們有明確的策略，需要的是更好的執行力。」在場每位人士莫不點頭稱是，接下來一個小時就談論其他廣泛議題。這有何不妥？只有一點：執行力牽涉多種面向，在場的四十位經理人可能有四十種不同想法。會議結束後，每個人對於公司面臨最大的挑戰還是毫無頭緒，對於該採取何種具體行動，也沒有拉近共識——看來似乎不可能變得更好。高喊「我們需要更好的執行力」，跟「我們要把事情做好」的意思差不多，不過是溫情的吶喊罷了。

誰能反對零缺點執行力的重要性？但經理人最好是要找出落實既定策略最重要的幾項因素。某些企業可能是降低生產週期時間，有的是減少不良率，有的則是加速新產品上市時間，有的要提高顧客維持率，有的需要改善準時交貨率。當然，也可以說每件事情都很重要，但這太過於籠統敷衍。關鍵在於要問問自己：**公司和對手競爭廝殺時，哪些執行面向最重要？哪些項目要優先執行**？這問題不容易回答，只是如果要達成優先順序的共識，就必須找出答案，而且是做得到的。

包熙迪擔任聯合訊號公司（AlliedSignal，編按：漢威聯合的前身）執行長時，不是只空洞地談論執行力的重要性，還強調四個面向：加速新產品的研發、提高訂單率、改善存貨管理，以及妥善管理營運資金。內容簡單明瞭，公司每位員工不但理解，而且能夠專注於這幾個項目。

另一個挑戰是老面孔——光環效應。如果不求甚解，任何成功的企業都是執行力徹底展現，而失敗的企業總是事後被批評執行不力。現在我們已經知道，應該採用不受績效影響的資料以避免光環效應，必須把結果和投入分開處理。在過去十年，戴爾電腦可說是執行力的典範。我們很自然會把戴爾的成功歸因於傑出的執行力，仔細檢驗後發現，戴爾在各方面營運都訂定嚴格的衡量標準：從「先接單後生產」（build-to-order）流程的速度、壓縮生產週期各環節的時間，到良好的存貨週轉率（每年超過八十次！）。同時，戴爾先向客戶收取貨款，再付錢給供應商。以會計術語來說，戴爾的周轉資金天數為負數，這是一項了不起的成就。戴爾不只談論零缺點執行力的重要性，還列出關鍵要素，訂定精準衡量標準以貫徹執行。經過客觀的衡量，戴爾的確是績效卓著。

我質疑大力鼓吹零缺點執行力的另一項原因，在於可能會分散對策略的注意力。還記得四十位經理人一致贊成執行力的重要性？他們當然贊成，誰敢反對？但是把重心擺在執行力上，可能就會忽略了策略選擇。這種事情司空見慣，我的老東家惠普科技，在二〇〇四年八月公布的績效讓人大失所望，執行長卡莉．菲奧莉娜（Carly Fiorina）說：「我們的策略正確，欠缺的是執行力。」她說得頭頭是道，當她迅速撤換一批重要主管時，沒人敢提出質疑——看起來是改善執行力，提升公司績效的正確作法。

奇怪的是，六個月後的二〇〇五年二月，菲奧莉娜被迫下臺時，公司發言人卻老調重彈：惠普的策略正確，董事會更換執行長的理由是希望提振執行力！聽起來同樣言之成理，但沒有人對公司的策略選擇提出警訊。六個星期之後，新執行長馬克．赫德（Mark Hurd）上任，惠普再次宣布：「選擇赫德是要借重他的執行力。」這其中隱藏一個問題：大張旗鼓宣揚執行力，總比觸及策略核心議題要來得簡單。「我們方向正確，只要加緊腳步就可邁向成功。」這種話領導人比較容易說出口。要領導人承認方向錯誤是項痛苦的決定，因為收拾善後的工程浩大。

仔細檢驗惠普之後，就會發現現有策略千瘡百孔，公司危機四伏。雖然惠普在印表機和影像產品居領導地位，但個人電腦市場卻不是戴爾的對手；企業電腦市場則飽受戴爾和

ＩＢＭ的夾殺：企業資料儲存系統落後易安信公司（ＥＭＣ，編按：二〇一六年正式被戴爾收購）；資訊技術服務則不如ＩＢＭ、埃森哲顧問（Accenture）和電子數據系統（ＥＤＳ）；消費性電子產品須面對柯達（Kodak）和索尼等強勁對手。事實上，惠普的策略值得商榷之處很多，但若是提出這種重大的議題，後果可能不堪設想。經理人自然認為最好把焦點擺在每個人都有共識，可以做得更好的執行力上。

甚至戴爾電腦也不例外：公司在二〇〇五年中宣布季業績不理想，執行長凱文．羅林斯（Kevin Rollins）解釋，問題出在執行力。事實上，戴爾在目標市場和競爭定位的策略選擇，的確有許多可議之處，不過討論這類問題總是牽涉層面廣泛，所以乾脆避而不談，還是把矛頭指向執行力比較容易些。接著值得觀察的是，當有人說：「我們的策略正確，只需要更好的執行力。」我保證此時就要特別仔細檢討策略了。

接下來，就是盡我所能，提出對於高績效動因的見解。什麼是高績效的動因？以往總認為答案不外乎是領導力、文化和專注的策略等因素，但這些應該是根據績效歸納出的特質，而不是動因。暫且撇開這些因素不談，我認為績效動因可歸納成兩大項：策略和執行力。前者本身具有風險，因為這是基於對顧客、競爭對手和科技的推測，還牽涉到公司內部的能力；後者具有不確定性，因為同樣的措施，不同組織採用可能產生不同結果。雖然，我們渴望有一套簡單的成功步驟，但管理實務比想像中要複雜許多，當然也比那些撫慰人心的故事複雜。睿智的經理人知道，**企業的天職是想盡辦法提高成功機率，但從不認為有保證成功這回事**。

企業如果做出明智的策略選擇，組織運轉順暢，再加上幸運女神的眷顧，也許能夠拉開和對手的差距，或至少能維持一段時間的領先。只不過，利潤往往會隨著時間逐漸減少。某一時期的成功，並不代表日後一定成功，因為成功會引起對手的覬覦，甚至有的會引發對手採取更大膽的作法掠奪市場。雖然有些故事情節很吸引人，但現實商場上，絕對沒有保證成功的方程式。誠如彼得斯所說：「追求卓越，必須隨時保持卓越的水準；一旦隨時保持卓越的水準，就會成為攻擊的目標。沒錯，就是這麼矛盾。準備好面對吧。」

chapter 10

不要戴著椰子耳機管理

一旦內心深處相信，天底下沒有絕對的事，生活就圍繞在機率、機會和取捨之間。在凡事都不確定的世界裡，只有吸收知識和追根究柢，才能提高成功機率。

——羅伯特．魯賓（Robert E. Rubin），《不確定的世界》（*In an Uncertain World*）

經理人的壓力沉重，必須交出亮麗的業績和盈餘，難怪會對所謂的成功寶典趨之若鶩。甚至知名企業的老闆，偶爾也會求助於暢銷商管書。二〇〇五年九月號的美國《商業周刊》報導，微軟執行長史帝夫．巴爾莫苦思如何破解Google和雅虎（Yahoo!）的威脅，恢復微軟昔日的輝煌歲月。據說，巴爾莫是從柯林斯的《從A到A+》一書中尋求靈感。

巴爾莫是個聰明的傢伙，不至於真的以為柯林斯的書能解決微軟的問題。微軟是全球軟體業的龍頭，此刻危機四伏，面臨嚴峻的挑戰，絞盡腦汁要在瞬息萬變的高科技產業維持霸主地位。微軟的挑戰來自四面八方，從開放原始碼（open-source）軟體到一些網路線上創新，像是維基（wiki）、部落格和混搭（mash-ups）。

相形之下，消費金融業者或零售商等中型企業面臨的問題，簡直是小巫見大巫。如果巴爾莫按部就班執行柯林斯的恆常法則，可能會大失所望：自從擔任微軟的執行長之後，營收成長率從三六％下滑到八％，股價重挫四〇％。這種現象並不令人意外，原本高績效企業就會因為競爭因素，表現逐年下滑。《從A到$^{+}$A》的核心概念是招募優秀人才、保持專注和堅持到底，這些觀念對某些企業而言，在特定的時空下也許管用，但如果要讓龐大的軟體帝國恢復昔日光彩，恐怕力有未逮。

巴爾莫和其他經理人要失望的是，成功沒有神奇妙方、沒有解碼祕笈，也沒有握有必勝寶典的神燈精靈。企業成功的方程式是什麼？答案簡單明瞭：**根本沒有，至少沒有永遠適用的答案**。這就是商場的本質，雖然是一語道破的真相，卻難以獲得認同。談管理要的就是付諸行動，去「做事」。那麼，到底該怎麼做？

首先，要擺脫蒙蔽企業經營思考的種種錯覺，要認清事實。雖然，激勵人心的故事讓我們覺得內心舒坦，但就像熱帶島嶼上的椰子耳機，完全沒有預測可言。經理人反而應該了解：企業的成功是相對而不是絕對的觀念、取得競爭優勢是要冒風險的、成功不墜的企業屈指可數，而且長期績效良好的企業是靠一連串短期成功積累達成，不是刻意追求得來的。關於這點，《金融時報》的湯姆．雷斯特（Tom Lester）一針見血地說道：「成功和失敗通常只有一線之隔，兩者的差異從來就不像人們想的那樣顯而易見，或是永遠不變。」這句話的意思，就是要大家認知明智的決策，結果未必讓人滿意；而不好的結果，也未必是決策錯誤所造成。因此，我們對於全憑結果而論斷好壞的本性，應該要極力避免。最後必須承認，企業的成功多少帶點幸運成分在內。

成功企業不是「全憑運氣」，高績效也不是僥倖得來，但是好運氣不可或缺，有時甚至還是重要關鍵。

經理人不必因為上述看法而氣餒。企業的績效決定於許多不能掌控的外部因素，大可不必因此心灰意冷。很慶幸地，還是有不少經理人思慮清晰、不受蒙蔽，能清楚準確地掌握局勢。他們不會沾沾自喜吹噓自己的豐功偉業，也不會高談誠實、正直和謙虛等陳腔濫調，彷彿那就是成功的保證——雖然這些特質很重要。這些經理人對於商場沒有不切實際的幻想，他們是睿智的經理人，都了解成功來自明智的判斷和努力不懈，再加上一些好運氣。他們也了解，競賽中稍有一點閃失，結果就可能天壤之別。

我將以羅伯特．魯賓、安迪．葛洛夫和格瑞諾．迪盧卡（Guerrino de Luca），三位出類拔萃的頂尖人物為例。或許有人會批評，這也是根據結果挑選樣本，這點我並不否認。若不是有傲人的成就，他們不過是沒沒無聞之輩，我們就不知這些人了。但是，我的重點不在談論他們的成就，也就是結果，而是討論決策模式、如何管理公司、如何深思熟慮再大膽做出冒險的決策，然後落實執行力並全力以赴。這種做事方法是各地經理人應該學習的榜樣。

魯賓與機率管理

羅伯特，魯賓任職柯林頓政府的八年期間聲譽卓著，先是擔任白宮經濟委員會委員，後接任財政部長。在此之前，魯賓在高盛集團（Goldman Sachs）的投資銀行任職長達二十六年，並成為資深合夥人。魯賓在回憶錄中寫道：「我在企業界和政府任職時的基本工作信條是，沒有任何事情可以百分之百確定，而與這種看法相互輝映的，就是機率決策（probabilistic decision making）。機率思考對我不只是智慧的考驗，而是根植內心深處的一種習慣和訓練。」這種觀念是在上大學時養成的，當時他從研究哲學中學習到，千萬不要根據表象做判斷，對於所見所聞要抱持懷疑的態度。

之後，魯賓親身經歷華爾街股市的變化無常，明白沒有所謂的必勝絕招，於是更堅定自己的觀點。他認為：「成功是根據手中資料，判斷各種可能性和隨之而來的損益。我在華爾街的日子，每天就是根據機率做決策。」

魯賓在高盛服務期間，有幾年是投入風險套利的工作領域，包括購買發生重大事件公司的證券，例如併購、撤資或破產。這是件高難度的工作，不過若操作得當，利潤相當豐厚。下對賭注，人前神氣風光；下錯賭注，一切化為烏有。風險套利不是全靠精確的計算，多少有點風險的成分。正如魯賓回憶時所說：「風險套利工作的變化莫測和不確定性，讓許多人心神不寧，但我卻能應付自如。我很適合風險套利工作，不只是天性，還是一種思考方式，一種精神的訓練……。風險套利有時會損失慘重，但如果事前經過詳細分析，不要盲從附和別人的看法，成功便指日可待。偶爾的虧損——有時候遠超出當初最壞的預期，是經營企業無可避免的。」

一九六七年，美國ＢＤ醫療器材（Becton Dickinson）提議，合併醫療產業的對手優利維斯公司（Univis）。根據這樁合併案的換股條件，優利維斯的股價將從當時的二十四．五美元上升到三十三美元。這項交易宣布之後，優利維斯的股價上漲到三十．五美元，反映市場對於這筆買賣最後是否成交，仍存有疑慮。這是魯賓的部門必須解決的問題：如果認為合併案會成功，現在以三十．五元購買，可享有漲到三十三美元的利差；如果預期交易談不攏，則應該拋售優利維斯的股票。

經過仔細評估之後，高盛決定購買優利維斯的股票，只要合併案通過，就有十二萬五千美元進帳，這在當時可是一筆大數字。幾週後，優利維斯財務報告讓人大失所望，ＢＤ公司因而打退堂鼓，高盛損失慘重，虧損高達六十七萬五千美元，是當初預期獲利金額的五倍之多。可想而知，許多事後諸葛亮紛紛出籠，將矛頭對準公司的高階主管。這是很自然的反應，因為一般人總認為壞的結果一定是決策錯誤造成。即使結果讓人大失所望，魯賓並不認為是決策的問題。他說道：「就算損失慘重，並不代表我們判斷錯誤。就和其他精算的行業一樣，風險套利的本質是若正確計算機率，大部分的交易都有利可圖，整體的交易總和也是有獲利的。如果成功的機率是六比一，代表每七次交易可能虧損一次……。對局外人來說，我們的工作有點像在賭博。事實上，這完全不是賭博，或至少不是業餘的賭博，而是建立在仔細分析、訓練有素的判斷（通常壓力沉重），和平均法則的投資事業。」

身為高盛的資深交易人員，魯賓知道大約每七筆交易就會有一筆虧損。魯賓和同事想盡辦法提高成功的機率，但根據經驗，每七筆虧損一筆是最有可能，而且可以接受的（如果失敗率偏低，代表公司可能不夠大膽積極，反倒是一個嚴重的問題。最佳的失敗率並不是零，銀行最佳的倒帳率也不是零。銀行只要確定不會因為一筆壞帳而倒閉就好）。這種世界觀是建立在認同機率，而不是追求確定。

如果損失慘重還未必是決策錯誤，那到底是什麼原因？回答此問題之前，必須先擺脫結果論的光環效應，仔細探討決策過程。是否蒐集正確的資訊，還是遺漏了某些重要資料？各種假設是否合理，還是漏洞百出？計算是否正確？是否完成各種狀況的沙盤推演，並預估可能影響？是否考慮高盛整體風險資產的合理配置？大多數人都不習慣這種把過程和結果單獨分析的嚴謹方法。我們需要格外地謹慎用心，要根據行為本身判斷好壞，而不是以結果好壞論斷行為。這不是簡單的工作，不過卻是必要的訓練。

只要經過這種嚴謹的評估，高盛才能記取經驗，下次做得更好。對魯賓而言，這種思考方式已經是習慣成自然，他的世界觀正是建立在機率和不確定的因素上。魯賓寫道：「有些人凡事都說得斬釘截鐵，絲毫不留餘地。這種確定性不只是我欠缺的人格特質，在我看來也是誤解了事實的本質——複雜和捉摸不定，因此無法做出正確的判斷，產生最好的成果。」

魯賓以敬畏之心看待事情的複雜度和模糊性，成功時保持謙虛，失敗時記取教訓，正是這種態度讓他在高盛平步青雲。而且魯賓擔任公職時，面對同樣不確定，而且沒有錦囊妙計的決策時，表現一樣出色。

他在一九九五年宣誓就職財政部長當天，就面臨墨西哥披索危機（編按：一九九四年十二月墨西哥爆發的金融危機）的棘手問題。由於墨西哥瀕臨財政崩潰，美國是否應該出手援助？就像套利決策一樣，魯賓仔細盤算各種可能的後果。干預可能有哪些風險：傳遞什麼樣的訊息？會創下何種先例？若是袖手旁觀又有什麼風險？如果墨西哥破產，對於美國和全球金融體系有什麼影響？這沒有前例可尋，只能仔細分析各種選擇和機率，以及最終可能的結果，將每一個選項的機率都默記在心，形成最後判斷的基礎——不做成功的保證，目標是盡可能提高成功的機率。

柯林頓政府便是根據完整的資訊，提供墨西哥政府必要的援助，終於穩定金融市場，經濟也逐漸復甦。這項決策具有極大風險，而且並不保證成功，但是相同的冷靜分析和機率評估，讓魯賓的職涯成就非凡。

葛洛夫的新科技豪賭

高盛集團從事各種風險套利，但沒有一項交易會讓公司倒閉──只要風險控制得宜。但是有些企業，同樣面對未知風險的策略選擇，而且只要一著不慎，滿盤皆輸。對於盈虧的可能金額，根本無從詢問，也沒有指導方針。有些企業只是偶爾面臨這種難題，但在發展一日千里的科技產業，這類抉擇則是司空見慣。

英特爾的安迪．葛洛夫就常面臨這種選擇。葛洛夫出生於匈牙利，先後逃過希特勒和史達林的魔掌，於一九五〇年代末移民美國。他一直深信，沒有必然成功這回事，失敗隨時可能迎頭痛擊。葛洛夫於加州大學攻讀化學工程，畢業後投入熱門的電子產業。一九六八年，他離開快捷半導體（Fairchild），與高登．摩爾（Gordon Moore）和羅伯特．諾宜斯（Robert Noyce）共同創立生產半導體的英特爾公司。半導體產業的競爭相當激烈，發展十分迅速。按照摩爾著名的觀察，晶片的容量大約每十八個月就會倍數增加。

一九六九年，剛成立滿一年的英特爾，就面臨德州儀器和摩斯泰格（Mostek）這些既有知名大廠的競爭。某家大型電腦公司邀請各家廠商，提出建立六十四位元記憶體新晶片的提案。當時共有七家廠商角逐這筆生意，經過不懈的研發努力——葛洛夫回憶，彷彿生命前途在此一舉，英特爾脫穎而出。對一家新公司而言，六十四位元晶片是項了不起的成就，但英特爾沒有志得意滿的時間，因為對手緊接著發展出容量四倍的二五六位元晶片。同樣地，發展新產品就像是攸關生死的大事，英特爾也再次提出最佳設計，贏得勝利。

為擺脫對手糾纏，英特爾決定放棄理論上應該循序漸進發展的五一二位元設計，直接設計容量是先前四倍的一〇二四位元晶片，大幅超越對手。這項與眾不同的策略選擇，雖然可能獲利無窮，卻也潛伏無限風險。這需要狐狸型的思考：敏銳，但帶點狡猾；嗅出商機，但察覺危險。葛洛夫回憶道：「這是一場科技豪賭。」決策拍板定案後，立刻全體總動員，包括工程師、技術人員和製造專家同心協力，背負沉重壓力，盡全力達成任務。此時，葛洛夫回憶：「我們中了頭彩，這項設計一炮而紅。」請注意葛洛夫的用詞，他說的是「豪賭」和「中頭彩」，完全沒有提到永遠卓越或保證成功的藍圖。葛洛夫深知決策充滿風險和不確定性，英特爾必須採取大膽的步驟，**讓公司取得暫時的優勢，再利用此一優勢拓展其他商機**。這場豪賭雖經過精打細算，但基本上還是賭博。

決定全力發展一〇二四位元晶片，是英特爾幾年來最冒險的決策之一。身為執行長的葛洛夫，密切注意著環境的變化，隨時掌握科技、對手和顧客的動態，蒐集任何對英特爾有用的資訊。他說：「把環境的改變看成是雷達螢幕上的一個點。最初你無法辨別那一點是什麼，但要密切注意雷達的掃描情形，觀察目標是否愈來愈靠近，掌握其速度和形狀。即使在你的周遭徘徊，還是緊盯不放，因為目標的速度和路線隨時可能改變。」

葛洛夫回憶在英特爾的年代，攸關存亡的不確定抉擇案例不勝枚舉。這些選擇從沒保證過一定成功——**策略本來就是賭注**。誠如魯賓所言，仔細評估機會、自己的能力、對手的動態和能力，然後做出最好的判斷。如此掌握全盤資訊之後，即使做出最佳決策，仍不能保證結果令人滿意，但若不敢冒險採取行動，在競爭的環境中注定會失敗。一旦下賭注之後，葛洛夫也堅信有紀律的執行力是致勝關鍵。他說道：「如果企業領導人不能清晰陳述未來的藍圖，怎能奢望動員主管通力合作，接受全新且不同以往的任務，在不確定的環境下賣力工作？」現在狐狸下臺，輪到刺蝟登場。

英特爾由於早年成功奠定的基礎，在一九七〇和一九八〇年代初成為半導體產業的龍頭，獨霸記憶體晶片市場。到了一九八〇年代中期，英特爾面臨日本廠商崛起的威脅，雖然在絕對意義上產值依然領先，不過相對成長已經落後日本廠商。一九八五年，諾宜斯和葛洛夫再次做出大膽的決定：完全退出記憶體晶片市場，轉戰淘汰率較低、利潤較高的微處理器市場。這項決定風險極高，獲利卻很豐厚。往後幾年，英特爾的營收和利潤成長快速，部分原因在於和微軟的合作。在葛洛夫領導下，英特爾繼續主宰微處理器市場，不斷推出速度更快、功能更強的微處理器，包括二八六、三八六和奔騰（Pentium）等。

英特爾的成功全憑運氣？當然不是。葛洛夫擬定決策時，考慮公司績效的好壞是相對的，自己做得好還不夠，必須要能超越對手，那也意味必須大膽冒險。葛洛夫一九九九年出版的《十倍速時代》（*Only the Paranoid Survive*），對於思考策略轉折點——公司面臨存亡之秋而言，是一本很好的參考指南。書中提出充分掌握產業動態、科技的變遷和仔細盤算後，放手一搏的必要性。葛洛夫從不相信能保證成功的方針，因為冒險嘗試是必要的，不能膽怯猶豫。而冒險的原因，部分來自恐懼。葛洛夫寫道：

> 品質大師愛德華·戴明（W. Edwards Deming）鼓吹公司應該去除恐懼，但我對於這種簡單的說法不以為然。經理人最重要的任務，正是營造能激起員工熱情、全心投入追求勝利的環境。在營造和維持這種熱情時，恐懼扮演著重要的角色。恐懼競爭、恐懼破產、恐懼犯錯和恐懼一無所有，恐懼可以燃起強烈的動機。

暢銷商管書通常對恐懼避而不談。在從乞丐搖身變成富翁的美好世界，或是《羅傑斯先生的鄰居們》（*Mister Rogers' Neighborhood*，美國老牌兒童節目）舒適溫馨世界裡，總是有快樂的結局，而且只要遵守幾項簡單的原則，不必理會對手的動態，成功依然可期。在這些美好的故事中，恐懼沒有立足之地，而恐懼當然更不適合當成睡前故事。但此刻我們知道，這種根植於錯覺產生的單純與自信，不可能產生最好的結果。

推崇葛洛夫的不只我一人。在二〇〇四年，華頓商學院推舉葛洛夫為過去二十五年最有影響力的執行長；耶魯管理學院（Yale School of Management）前院長傑佛瑞・賈騰（Jeffrey Garten），更大力頌揚葛洛夫是「未來執行長的一流典範」。為什麼葛洛夫得到如此推崇？不只因為英特爾傑出的成就（如果以股價表現比較，其他公司也一樣出色），還有葛洛夫能因應市場變化，從危機中脫困的能力。賈騰認為葛洛夫最大的本領在於，能夠結合策略和執行力，因應全球化趨勢導致的商場巨大改變。他仔細評估各種策略選擇，絕不會對風險視而不見。至於，葛洛夫放手讓經理人自行發揮，但是「嚴格要求按照進度衡量績效」。他要求經理人自己用心思考，不要因為別人所說的恰巧靈驗就信以為真。

哈佛商學院的理察・泰德羅（Richard Tedlow）出版葛洛夫傳記，他讚美葛洛夫是「二十一世紀企業的最佳領導典範。」不是因為葛洛夫遵循一套長期成功的策略，然後像刺蝟一樣專注，而是他敏銳察覺競爭環境的改變，並且順應新環境——科技、競爭、法令和消費者。泰德羅寫道：「葛洛夫靠自行演化而避開自然淘汰的命運，強迫自己順應一連串新的局面，揚棄一些過時的假設。」

即使在最輝煌的一九九〇年代，葛洛夫也從來不把成功視為理所當然，依然保有匈牙利難民認為失敗隨時可能降臨的風險敏感度。他未雨綢繆，與哈佛商學院的克雷頓・克里斯汀生攜手合作，以避免顛覆性技術的衝擊。同時也和史丹佛商學院的羅伯特・博格曼（Robert Burgelman）密切合作，博格曼在二〇〇二年出版《策略即命運》（*Strategy Is Destiny*，暫譯）一書，詳述英特爾的決策流程。如果要推舉一家企業展現對產業的熟悉、明智的管理、傲人的創新紀錄，以及結合優秀人才和豐富財源，非英特爾莫屬。《紐約時報》寫道：「過去二十年，英特爾是矽谷最屹立不搖的企業。」二〇〇五年，英特爾市值超過一千八百億美元，排名全美第七大，獲利排名第十八。

英特爾是否從此高枕無憂？當然不是。和其他成功企業一樣，英特爾積極尋找利潤成長的新版圖。對手「超微半導體公司」（AMD）威脅英特爾在微處理器產業的獨霸地位，而且在個人電腦市場的成長趨緩。英特爾之前拓展新市場的成效不彰，進入數位電視市場也是跌跌撞撞。因為晶片市場已經從強調速度，轉向強調微處理器與其他科技的結合應用，英特爾對此反應則是慢半拍。二〇〇五年《金融時報》報導：「英特爾的自信來自於主宰個人電腦市場，當時每五部電腦就有四部使用英特爾的晶片。但過去幾年霸主地位已經動搖。」

該如何提升績效？當然是帶有風險的策略選擇。二〇〇六年，新任執行長保羅・歐德寧（Paul Otellini）宣布，英特爾將逐漸脫離傳統微處理器的核心業務，將重心移轉為把晶片和軟體結合成平台，以適用於各種領域，從筆記型電腦、家用電器到無線應用都包括在內。為因應這項轉變，重新設計英特爾的商標和標語——「超越未來」（Leap Ahead，編按：二〇一五年推出新口號 Experience What's Inside）。這是揮別過去的大膽動作，許多觀察家認為，幾乎是推翻了葛洛夫過去的方向。

葛洛夫的反應如何？是否譴責英特爾的新方向偏離核心本業？相反地，葛洛夫在英特爾的高階主管會議上，表達強烈支持之意，並表示英特爾的新方向是「充分發揮英特爾冒險、紀律和績效導向價值觀的決策」。保證成功？很難說，英特爾的新策略前景布滿荊棘，風險極高。但是就像以前一樣，英特爾如果不強迫創新，將只能眼睜睜看著營收和利潤萎縮。**聰明的企業會評估各種選擇，盡全力提高成功機率，但成敗仍是未定之數**。像葛洛夫一樣精明的經理人，早已認知此點。

羅技，不斷驅動改變

最後談的這家公司，既沒有名氣響亮的執行長，也沒有三十五年的輝煌成功史。羅技科技（Logitech）是生產電腦介面產品的全球大廠，包括滑鼠、鍵盤、周邊產品和喇叭等。公司成立於瑞士，總部設在加州佛利蒙（Fremont），設計和製造工作則遍布歐洲、北美和亞洲。面對來自於微軟和英特爾等對手的激烈競爭，羅技依然表現亮眼。從一九九九到二〇〇五年間，營收成長三倍，利潤成長更高。

羅技的成功之道為何？我們可以推說是擁有優秀人才。的確，從任何客觀的標準看來，羅技人才濟濟；但是只要成功的企業，總是很容易被冠上人才濟濟的美名。我們也可以推測羅技擁有很棒的公司文化，如果詢問公司員工，肯定會得到正面的答案；但那不是合理的解釋，員工自然喜歡成功團隊和對未來信心十足的感覺。至於顧客導向也是無庸置疑，因為羅技營收快速成長，就證明顧客對於產品的喜愛（像我現在使用的無線滑鼠）。我們也可以宣稱羅技的成功關鍵是策略明確；沒錯，羅技的確專注於少數產品，不過羅技是因為專注才成功，還是因為成功才選擇繼續專注？這點仍未有定論。

別忘了還有領導力，我們總能找出種種理由，證明成長快速和獲利企業的執行長天縱英明、高瞻遠矚，擅長激勵人心而且人品正直。我們已經知道，成功是相對而不是絕對的，競爭者模仿，優勢很快就會流失。即使再高明的決策，最後結果也可能不如人意，不一定代表決策錯誤或是犯了什麼錯。對一家企業有效的作法，未必適用其他企業。所以，該如何解釋羅技的成功呢？

二〇〇五年，我訪問羅技科技的總裁兼執行長格瑞諾．迪盧卡。迪盧卡原籍義大利，在美國的資歷豐富，曾擔任蘋果電腦多年的行銷部高階主管。我很好奇：他是否會以優秀人才、強健文化和員工士氣解釋羅技的成功?結果，迪盧卡是從策略和執行力兩方面，剖析羅技的成功及面臨的挑戰，而且毫不避諱談起對這兩項因素的不確定感。

他首先檢視羅技過去的策略選擇，只強調一個目標市場：提供人與科技的介面產品。在這個區隔市場內，強調設計、功能和科技。他關心使用者的經驗，希望產品不但人們愛用，還能夠拿來向朋友炫耀。羅技盡量避開成熟的日常化商品。「從你認為某項產品是日常用品的那一刻開始，它就已經成為日常用品了。」迪盧卡提出警告。同時，羅技從不採取低價競爭策略，但刻意維持在消費者負擔得起，購買時無須再三考慮的價格。他體認到科技進步迅速，羅技的產品必須不斷推陳出新。迪盧卡指出：「羅技宰殺下蛋金雞母的速度，業界無人能及。」再者，也不會盲目發展沒有競爭優勢的新產品。他這麼說：「仔細挑選戰場，然後成為個中翹楚。我們曾好幾次拒絕看似明顯成長快速的市場商機。為什麼?因為我們無法做到差異化，或是無法成為這個市場的主要品牌。」

這是身為精明的經理人，在審視競爭環境後做出的明確抉擇。羅技科技強調創新，所以需要龐大的研發費用，迪盧卡認為：「這是我們刻意做出的重要選擇。」這些選擇是否有風險?那是當然。仔細研究市場、檢視競爭對手、研究趨勢、檢視自己的技術和能力，然後放手一搏。套用葛洛夫的話，羅技是否有些「執迷不悟」?沒錯。在這競爭激烈和快速變遷的產業中，執迷不悟是必要條件。

迪盧卡也沒有忽略執行力的重要性。一旦決定之後，重心就移轉到落實策略上。「我學得幾次經驗，」迪盧卡說：「平凡的策略，只要徹底落實，成就依然非凡。」迪盧卡不只提到「執行力」，還提到羅技科技在激烈競爭環境中，致勝的幾個重要因素。其中一項是透過明確的方法和流程發展新產品；另一項是利用北美和歐洲的配送中心，做好供應鏈管理。羅技同時大手筆投資最新的製造廠，像在中國設立一家新工廠。

他又說道，羅技極力避免傲慢自滿：「我們隨時告誡自己，千萬別抱持『東西沒壞就別修理』的心態。我們不斷改變經營企業的方法，調整組織且更換系統。**成功企業會傾向抗拒改變，但我們必須驅動這種改變。**」

這位執行長是否遵循一套保證成功的準則？沒有。他在經過深思熟慮後選擇策略——選擇該做和不該做的事，然後根據優先順序和明確指標，徹底落實。

經理人千萬別傻傻期待貨機降落

羅技也許好景不常，因為和其他企業一樣，面對市場的殘酷競爭，很難達到顛峰。那不僅需要強悍的策略、絕佳的執行力，還要有幸運女神的眷顧。而維持顛峰狀態更是難上加難，因為成功會引起競爭對手群起效尤，有些對手甚至願意採取大膽的進攻策略；也許看在現任者眼裡愚不可及，但有些可能大獲成功，甚至動搖現任者的地位。

競爭的力量再加上技術的改變，羅技的地位遲早會受到威脅。一旦績效滑落，不管是二年或二十年後，一定有人指責公司犯錯或執行長處置失當。一些事後諸葛亮，會振振有詞指責羅技該做哪些事，又不該做哪些事，不然就是說偏離核心本業是一大失策，或是只知固守本業不知變通才導致失敗。結果失敗的決策和差勁的決策，同樣成為眾矢之的。每個人都忍不住要寫一篇通情達理，又符合邏輯的精彩故事，並且指出為何原本優秀的企業，卻因為策略失當或傲慢而招致失敗。

永遠會有一些書籍想要找出令卓越企業脫穎而出的原因，然後建議經理人該怎麼做，才能讓公司達到顛峰，加入卓越企業的行列，保持卓越績效。這些書籍良莠不齊，有的很有助益、有的反而有害。經理人還是會樂此不疲的閱讀，希望從中習得新的洞見、發掘可運用的新方法。這不僅無可避免，也是好事一樁。

本書目的，在於匡正我們**思考經營企業時的種種錯覺**。我希望經理人閱讀商管類書籍時，能夠融入一些批判精神，跳脫眾多錯覺，不要沉迷於不切實際的幻想和盲目的期待，要加點現實的考量。我衷心期盼經理人能銘記以下幾點：

◆如果無法單獨衡量自變數的影響，我們可能只是發現光環而已。

- 如果資料受到光環效應汙染，即使資料堆積如山，分析再繁雜、再辛苦，都於事無補。
- 企業很少能持續長期的榮景；大部分的長期成功，都只是事後根據結果挑選的錯覺。
- 企業的績效好壞是相對而不是絕對；一家企業可能在逐步改善績效的同時，也遠遠落後對手。
- 或許有些企業是靠孤注一擲才成功，但這種作法通常不會導致成功。
- 任何宣稱發現企業物理學定律的人，不是對於企業一無所知，就是對物理學一無所知，或者對兩者都一無所知。
- 坊間追求成功之道的書籍，很少揭露真實的商業世界，卻對研究員的抱負和渴望確定性大書特書。

掃除這些錯覺之後，接下來該怎麼辦？談到如何管理企業、追求卓越績效，精明的經理人都知道：

- 再好的策略也難免有風險；如果你認為自己的策略萬無一失，你就是笨蛋。
- 執行力也有不確定性；同樣一套作法，由不同的公司執行可能有截然不同的結果。
- 即使成功的經理人不願意承認，但是運氣的重要性超乎一般人的認知。

◆ 投入和產出沒有必然的關係。績效不彰的結果未必表示經理人決策錯誤；績效卓著的結果也不表示經理人決策英明。

◆ 一旦做出決定，優秀的經理人不會把希望寄託在運氣上，而是不屈不撓地堅持到底。

這些忠告可以保證成功嗎？當然不行。但我推測，至少能夠提高勝算，達到較合理的目標。而且，你也不會站在熱帶島嶼的岸邊，心裡納悶著：為什麼按部就班遵循成功的方程式，貨機卻遲遲不肯降落。

chapter 11

貪婪與經濟大衰退

我買入的規則很簡單：
當別人貪婪時恐懼，當別人恐懼時貪婪。

——世界上最成功的投資者華倫．巴菲特，二〇〇八年十月

二〇〇七年第一版《商業造神》出版時，還看不出來，我們正要步入艱難時期。經濟似乎正在全速運轉，二〇〇〇年的網路泡沫已在人們的記憶中消退，新一代的公司正引領著這場衝鋒。Google二〇〇四年上市，並發布了令人印象深刻的結果。當時，蘋果公司（Apple）憑藉著iPod的實力蒸蒸日上，iPhone是全新的東西，iPad還沒有發布。推特（Twitter）創建於二〇〇六年，當時正迅速獲得關注。股市在二〇〇七年夏天攀上新高，標普五〇〇指數在十月十一日創下一五七六的歷史新高。

二〇〇七年最常見的光環效應實例是什麼？成功的公司被解釋為擁有策略天才、卓越執行力，和雷射光般的客戶關注，高績效似乎是傑出管理的自然結果，一切都很合理。

我們都記得接下來發生了什麼。甚至在二〇〇七年，美國一些地區已經感受到了住房危機的第一次震動，主要金融機構的弱點開始引起人們注意，這些機構充斥著可疑的債務，持有著他們無法彌補的頭寸。從二〇〇七年秋季創下的高點紀錄，美國股市在二〇〇八年大部分時間都在下跌，標普五〇〇指數從一月初的一四六八・三六，跌至八月底的一二八二・八三，跌幅為一二・五％。

隨著二〇〇七年九月雷曼兄弟（Lehman Brothers）破產，經濟走到了崩潰的邊緣，金融市場猶如自由落體。標普五〇〇指數大跌，十一月二十日收於七五二・四四點，兩個月內跌幅超過四〇％。美國陷入一九三〇年代以來最嚴重、最漫長的衰退。標普五〇〇指數一直到二〇一三年四月才終於收復失地。

一開始，尋找指責的焦點集中在難懂的金融工具上，如信用違約交換、債務抵押債券（CDOs），和以次級抵押貸款支援的合成產品。當然，大多數人並不了解這些工具的作用，以及它們如何造成這種破壞的。此外，複雜的金融工具既是金融危機的原因，也是其症狀。即使信用違約交換、債務抵押債券這些承擔了部分責任，也只是把問題向後推一步而已。最初為什麼會出現這些讓人大腦打結的工具呢？我們需要一個更好的解釋，一個更簡單、更令人滿意的解釋。

很快，答案出現了。真正的問題是貪婪。

意見領袖們迅速發表了意見。二〇〇八年十二月，巴拉克．歐巴馬（Barack Obama）在準備就任總統時承諾：「我們將打擊這種導致我們面臨清算的貪婪和狡詐文化。」教宗本篤十六世（Pope Benedict XVI）在梵蒂岡哀嘆：「貪婪戰勝了共同利益。」

一些人甚至批評那些背負大量債務的借款人。美國運通前總裁哈維．葛洛伯（Harvey Golub），將次級房貸危機歸咎於那些過於渴望買房者的「貪婪和愚蠢」，說這些人不應該購買他們負擔不起的房子。但這只是少數人的觀點，當然也不是社會大眾想聽到的。

最大的憤怒指向華爾街的奇才、銀行家和金融工程師們，他們在收取巨額費用和佣金的同時，把經濟引向了毀滅的邊緣。根據威廉．D．科漢（William D. Cohan）的說法，經濟崩潰是由於「貪婪和疏忽的致命組合」，這導致了大量的不動產貸款抵押證券頭寸。《紐約時報》的角谷美智子（Michiko Kakutani）也認為，金融危機是由於「層層疊疊的貪婪，再加上魯莽」。

指責貪婪是有道理的。貪婪的銀行家和金融家讓自己暴富，卻給世界各地的人們造成了難以估計的損失。否則要怎麼解釋伯納．馬多夫（Bernard Madoff）和他那群餵養者的背信棄義？還有那些本來應該更了解情況，卻滿足於持續獲得高回報的投資者呢？

在接下來的幾年裡，貪婪被激發了無數次，關於金融危機的書籍多到不及其數，其中包括以下：

- 《傻瓜的黃金：摩根大通內幕故事，華爾街的貪婪如何侵蝕其大膽的夢想，並造成金融災難》（*Fool's Gold: The Inside Story of J. P. Morgan and How Wall St. Greed Corrupted Its Bold Dream and Created a Financial Catastrophe*，暫譯），作者為吉蓮．邰蒂（Gillian Tett）。
- 《巨人的崩潰：貪婪、傲慢，美林證券的垮臺和美國銀行的瀕臨崩潰》（*Crash of the Titans: Greed, Hubris, the Fall of Merrill Lynch and the Near-Collapse of Bank of America*，暫譯），作者為葛瑞格．法雷爾（Greg Farrell）。
- 《出賣：華爾街三十年的貪婪和政府管理不善如何摧毀全球金融體系》（*The Sellout: How Three Decades of Wall Street Greed and Government Mismanagement Destroyed the Global Financial System*，暫譯），作者為查爾斯．賈斯巴里諾（Charles Gasparino）。
- 《魯莽危害：過大的野心、貪婪和腐敗，如何導致經濟末日》（*Reckless Endangerment: How outsize Ambition, Greed, and Corruption Led to Economic Armageddon*，暫譯），作者為格雷琴．摩根森（Gretchen Morgenson）和約書亞．羅斯納（Joshua Rosner）。
- 《貪婪年代：金融的勝利和美國的衰落，一九七〇年至今》（*Age of Greed: The Triumph of*

Finance and The Decline of America, 1970 to The Present，暫譯）作者為傑夫．麥德瑞克（Jeff Madrick）。

當電影《華爾街》（*Wall Street*）中的戈登．蓋柯（Gordon Gekko）說「貪婪很好」時，他的腦中可能有別的想法，但至少就許多書名而言，這似乎是真的。

但有趣的是，雖然貪婪出現在書名，但在內文中出現的頻率比較低。吉蓮．邰蒂在她的書名中提到貪婪，但在二百五十三頁的內文中，一次也沒有提到。她所說的貪婪到底是指什麼，以及它如何腐蝕夢想並導致災難，始終沒有解釋。

即便如此，將金融崩潰歸咎於貪婪，是個令人滿意的解釋，而且很快就流行起來。二〇一一年底，當「占領華爾街」（Occupy Wall Street）運動在曼哈頓的祖科蒂公園（Zuccotti Park）如火如荼地進行時，有一種說法比其他任何說法都要響亮。一名身穿醫院藍色工作服的女子舉著牌子，上面寫著：「這位護理師被華爾街的貪婪所感染。」另一個牌子上寫著：「我的未來在哪裡？貪婪拿走了。」

當事情出了問題，大家都想要看到貪婪的證據，但如果我們不小心審視，這也只是另一種光環效應，只不過這次是與失敗有關，而非成功。當然，回顧過去，我們總能找到貪婪的證據。

CNBC的記者查爾斯．賈斯巴里諾，在他的書中提到，其實從一九七〇年代開始，華爾街就一直在承擔過度的風險。然而，如果貪婪在當時就已經如此明顯，為什麼記者們需要三十年的時間才注意到它呢？如果他們能覺察到猖獗的貪婪，為什麼不暴露出來，讓我們免受經濟衰退的痛苦？答案應該是顯而易見的：只要利潤滾滾而來，就很少有人會認為有什麼問題。銀行家和金融家因對經濟成長有貢獻而受到讚揚，因幫助經濟平穩運行而受到表揚，他們貢獻出我們的高生活水準，他們創造了財富。我們可能羨慕他們的成功，但也在讚揚他們的聰明才智。作為散戶投資者，我們從投資組合不斷攀升的價值中獲益。音樂在播放時，很少有人會想要大聲報時。

有些社會觀察人士確實警告過我們，有一場默默靠近中的災難，包括紐約大學的末日博士魯比尼（Nouriel Roubini）。然而，只要經濟看似健康，這些聲音就會被斥為不理解市場奇蹟的危言聳聽者。當然，當金融市場崩潰時（二〇〇九年三月，標普五〇〇指數跌至六八三．三八點的低點，六個月裡損失了驚人的四六%，若從一年半前二〇〇七年十月的高點來看，是重挫了五六%），我們就改變了主意。現在我們有了不同的看法，一直以來，看似繁榮的東西只不過是貪婪而已，也許正如角谷美智子所說，層層疊疊的貪婪。

貪婪、金錢與金融危機

在他們把金融危機歸咎於貪婪的過程中，一些人重寫了歷史，那種方式令人想到喬治·歐威爾（George Orwell）的《一九八四》。東尼·史瓦茲（Tony Schwartz）在《赫芬頓郵報》（*The Huffington Post*）上明確表示：「在極度豪奪巧取的情況下，貪婪壓倒了理性、判斷力、洞察力，以及任何可能導致附帶損害的擔憂。」為了支持自己的觀點，史瓦茲引用了前華爾街交易員、暢銷書作家麥可·路易士（Michael Lewis）的話，路易士在二〇〇二年的一篇文章中寫道：「為捍衛繁榮……一個擁有十億美元的人，把自己的一生奉獻給另一個十億美元，這太瘋狂了，但這正是一些最高尚的公民所做的，一次又一次。」

史瓦茲暗示，追求更大的財富是瘋狂的，但事實上，路易士的觀點正好相反。路易士是在網路泡沫之後寫下這篇文章，而不是房地產泡沫破滅後，他其實在說，對收益的追求是經濟發展的一個基本要素，他的文章描述了他所謂的邪惡美德。市場之所以能起作用，是因為它建立在一套激勵制度的基礎上，這種激勵制度旨在「鼓勵一種不光彩的人類特徵：利己主義」。而這就是私營企業的本質。所謂的自由市場經濟，「將賺錢的欲望提升到其他更高貴的欲望之上。」路易士承認，對那些已經很富有的人來說，追求進一步的財富似乎有些瘋狂，但他也指出，這種驅動力正是推動整個系統運轉的動力。從這個角度來看，相對於技術進步及其帶給所有人的更大好處而言，繁榮與蕭條的附帶損害，是一個相對較小的代價。

當然，路易士的文章是在網路泡沫破滅後寫的。八年後，破壞的規模更大，殘害的範圍更廣。在大衰退之後，美國中產階級失去了房子，幾十年來最高的失業率，情況看起來有點不同了。（路易士在他二〇一〇年的著作《大賣空》〔*The Big Short*〕中描述了房地產市場的崩潰。）

毫無疑問，對利益的追求始終存在於民營企業中，改變的是我們為了控制它而採取的措施。加州大學洛杉磯分校（UCLA）法學教授林恩．斯托特（Lynn Stout）指出，二〇〇〇年國會通過的《商品期貨現代化法案》（Commodity Futures Modernization Act），廢除了長期以來禁止對未對沖已有風險的衍生品進行押注的禁令。她解釋：「國會以『現代化』名義，取消了這個有數百年歷史的規則，給場外衍生品市場帶來了巨大的道德風險問題。舉個例子，想像一下，如果我們允許肆無忌憚的人為別人的房子購買火災保險，那麼縱火的發生率將急劇上升。」斯托特總結道：「可悲的是，貪婪是人類的本性。我們不太可能很快除去它，但至少可以控制它。」她是對的。在民營企業中，利潤動機始終存在，如果追求利潤是貪婪的表現，那麼貪婪也始終存在。金融危機的根源不在於貪婪的突然激增，而在於我們抑制盈利動機的意願下降。

現代作家們與貪婪的概念糾纏不清，其實也沒有什麼好驚訝。在柏拉圖《喜帕恰斯》

（*Hipparchus*）一書中，蘇格拉底的朋友認為自己對這個概念理解得很透徹：貪婪是「對利益永不滿足的欲望」。但正如蘇格拉底所指出的，理性的人追求利益，不理性的人才會追求損失。如果貪婪是對利益的渴望，那麼理性的人可以被認為是貪婪的。在對話的最後，蘇格拉底透過向他的朋友證明「你所謂的貪婪者，是那些喜愛善良的人」，扭轉了這個論點。古希臘就像現代一樣，貪婪是一個難以捉摸的概念。一旦我們知道事情的結果，就會很快地給事情貼上標籤，但是我們很難在當下看到它。

字典也沒有多少幫助。《韋氏字典》（*Webster's Dictionary*）將貪婪定義為「過度的或應受譴責的占有欲狀態」。人類是貪婪的嗎？我們很多人都是。那麼，這種欲望到底什麼時候叫做「過度」或「應受譴責」？這就難說了。在某一種經濟環境下，對某個人來說合理的事情，對另一個人來說可能就算過度。貪婪是一種方便的解釋，帶有令人滿意的道德色彩，但作為對金融危機的合理解釋，它還嫌不足。

豐田的貪婪事件

追溯性地指責貪婪並不僅限於金融領域。二〇〇九年，豐田是全球最大的汽車製造商，並享有無與倫比的高品質聲譽。它成功將其複雜的生產技術帶到美國，在那裡，工廠生產了數以百萬計的汽車，達到世界級的標準。隨後就有書籍讚賞所謂的「豐田方式」，一種基於先進的統計和行為方法，嚴格管控品質的方式。

《哈佛商業評論》發表了大量讚揚豐田的文章，並在二〇〇九年集結出版《哈佛商業評論——豐田的卓越製造》（*Harvard Business Review on Manufacturing Excellence at Toyota*，暫譯）一書，這本書有兩百五十六頁，吹捧這家全球品質最高的代表企業。書封上閃亮的字體寫著：「很少公司能像豐田那樣，始終如一地激發最佳管理方法的靈感。從策略營運設計、品質改進，到綜合產品開發和管理培訓，公司透過不斷創新而成功。這本書告訴你豐田是怎麼做到的，以及你該如何運用這些經驗推動公司取得成功。」

這裡有任何貪婪的感覺嗎？一點也沒有。

因此，當幾起豐田汽車突發性、非預期加速事件被報導出來時，人們感到有些驚訝。一開始只有少數的幾起案例，相較於道路上數百萬輛的豐田汽車，幾乎不足以引起關注。然而，隨後又有更多暴衝意外事件被報導，包括二〇〇九年八月一起造成數人死亡的慘烈車禍。這個問題似乎源於腳踏墊導致油門踏板卡住，這是個低技術含量的問題，僅需低技術含量的解決方案。豐田的回應是大規模召回，約八百萬輛汽車接受檢查。

原本召回是為了展示公司對安全的承諾，結果卻適得其反。召回的規模顯示，這個問題是普遍存在的。（這對公司來說是動輒得咎的行動，因為若召回數量有限，可能會有人指控豐田否認或不願承擔更大的成本；但大規模召回，似乎又證實這個問題確實很嚴重。）不幸的是，修理踏墊並不能解釋所有暴衝的情況，這個問題要複雜得多，可能與引擎或複雜的電子設備和軟體有關。這是一個令人困惑的問題，沒有明顯的解決辦法。

然而，社會大眾想要一個令人滿意的答案，而且很快就得到了——豐田被指控為貪婪，將利潤置於安全之上。

來自田納西州的退休社會工作者朗達．史密斯（Rhonda Smith），在眾議院能源和商務委員會作證時，描述她的 Lexus 350 在四十號州際公路上加速暴衝的情況，時速高達每小時九十英里。她總結道：「豐田，你們該為如此貪婪感到羞恥。」這時出現了一個網站：www.toyotacorporategreed.info，來幫助人們傳播消息。

在密蘇里州，《哥倫比亞每日論壇報》（*Columbia Daily Tribune*）的比爾．克拉克（Bill Clark）寫了一篇標題為〈貪婪玷汙了豐田的聲譽〉的文章，儘管他自己也是豐田 Camry 多年的車主。他譴責該公司的貪婪，然而他補充說，若是豐田解決這個問題，他還是會購買豐田汽車。至於朗達．史密斯，她的意外災難在「上帝出手干預」之後就結束了，車子慢下來，讓她可以關掉引擎，慢慢停下來。在她看來，這個錯誤是豐田的貪婪所導致，而上帝的仁慈糾正了它。

與此同時，英國 BBC 進行了一項調查，並總結調查結果：「對許多人來說，豐田的故事是個老派的貪婪故事。它從一間小小的公司開始，當時的目標很簡單：盡可能製造出最好的產品。但隨著公司在複雜的全球化世界裡成長和擴張時，利潤和底線占據了上風。或許，這個故事也沒有那麼老派。」

二〇一〇年二月，民眾憤怒情緒最高漲之際，豐田首席執行官豐田章男（Akio Toyoda）出現在美國國會中，表示他對事故「深感抱歉」，並向受害者家屬道歉。他承認，豐田「可能成長過快」，在追求銷量的過程中，無意中損害了安全。當然，貪婪的指控也不過是後見之明，在豐田順利擴張時，它可是被描述為大膽且有遠見，能夠兼顧品質和規模而獲得所有利益。等到問題出現了，觀察人士才很快地推斷出貪婪。

然而，豐田的問題到底有多大？一名記者計算出，如果駕駛豐田召回的車種，「在接下來的兩年中，死於車禍中的機會，將從〇·〇一九〇七％（四捨五入，約是一％的千分之十九），提高到〇·〇一九三五％（同樣是一％的千分之十九）」，只有〇·〇〇〇二八％的變化。如此微小的差距，就能區別「可接受的錯誤」和「貪婪」嗎？當然不行。如果國會真的想在車禍死亡問題上採取強硬措施，應該是解決酒駕和開車使用手機的問題，這兩種情況造成的事故，比車輛突然加速暴衝要多得多。然而，作為一個故事的情節，這兩種說法都沒有太大的吸引力，貪婪是比較好的選擇。

……還有英國石油公司的墨西哥灣漏油事件

就在豐田章男到美國國會作證的幾週後，英國石油公司的深水地平線鑽油平臺（Deepwater Horizon）發生爆炸，導致墨西哥灣發生大規模石油洩漏，汙染了數百英里的海岸線，對野生動物和幾個州的經濟造成嚴重損害。參議院多數黨領袖哈利．瑞德（Harry Reid）指責——（你猜對了）罪魁禍首是英國石油高層的貪婪。他宣稱：「華爾街並不是唯一不計後果追求利潤，而造成破壞的地方。（英國石油公司的）貪婪導致了十一起可怕而不必要的死亡，它影響到龐大的旅遊業，威脅到無數漁場的生意，擾亂墨西哥灣沿岸許多人的生活。」

在金融危機後不久，英國石油公司的漏油事件引發了一場網路問答遊戲：高盛和英國石油公司，誰的罪狀比較大？部落客圈（blogosphere）的意見分歧，有個人回答說：「毫無疑問是高盛。他們的運作完全是發自於貪婪的立場，絲毫不顧投資者的利益。雖然英國石油公司對利潤的貪婪，是這場災難缺乏防備的部分原因，但他們正在為國家提供必要的資源。」英國石油公司也獲得了幾票。有人指出：「英國石油的貪婪……造成了一系列災難性的事件……數百萬海洋生物（已經）被殺害，全因英國石油公司自願且蓄意地規避健康和安全規定，目的只是為了省下一些（即使是數百萬）英鎊。」

調查人員更深入調查之後，對英國石油公司貪婪的指控還站得住腳嗎？不太妙。二〇一〇年十一月，負責調查漏油事件的偵察小組首席調查員表示，他沒有發現任何安全捷徑存在的證據。小佛瑞德．H．巴特理（Fred H. Bartlit Jr.，委員會首席法律顧問）駁斥了任何有關英國石油公司和合作夥伴泛洋鑽探（Transocean），以及哈利伯頓（Halliburton）公司為了加快油井完工而走捷徑的說法。巴特理指出：「到目前為止，我們沒有看到任何一個把錢看得比安全更重要的人為決策。」至於鑽油平臺上的工程師和工人：「他們想提高效率，不想浪費錢，但也不想讓自己的夥伴喪生。」

委員會發現，油井災難的主要原因是水泥作業的問題，但真正的重點更為平淡：深水油井是高度複雜的系統，沒有任何單一的錯誤或缺陷是唯一的責任歸屬。原因很複雜，需要調查，更好的安全措施當然是必要的，但當我們歸咎於貪婪這單一因素，就太容易滿足了，反而會忽略更重要的事情。

從貪婪到傲慢

經常與貪婪相伴出現的詞彙是傲慢（Hubris）。Hubris 這個字起源於希臘神話，指受眾神懲罰的過度驕傲。當事情嚴重出錯時，人們總是會聯想到狂妄自大。

在經驗證據顯示多數收購都以失敗告終的情況下，為什麼高階主管們還要花大筆錢收購其他公司？最方便的答案就是傲慢，他們有一種錯誤的信念，認為自己做的任何事情都可以成功。

二〇〇九年十一月，杜拜世界（Dubai World）——在阿拉伯聯合大公國開發昂貴房地產專案和迷人度假勝地的開發商，發現自己擴張過度，房地產價格暴跌。《每日電訊報》（*The Telegraph*）的傑洛米．華納（Jeremy Warner）寫道：「和其他人一樣，我對於杜拜快速發展的天際線奇蹟，總是帶著高度的懷疑。作為謝赫穆罕默德．本．拉希德．阿勒馬克圖姆（Sheikh Mohammed bin Rashid al-Maktoum，阿拉伯聯合大公國副總統兼總理）虛榮和傲慢的紀念碑，杜拜長期以來看起來像是一場等待發生的事故。」華納可能一直有所疑慮，但像大多數人一樣，一直到問題變得明顯之後，他才歸咎於虛榮和傲慢。事實上，在杜拜快速發展的這些年裡，一直都被描述為雄心勃勃和大膽的，而謝赫馬克圖姆則被譽為有遠見的夢想家。只要表現良好，就沒有人會提到傲慢。正如我們常說的：「驕者必敗。」因此，從定義上來說，只要不失敗，就不傲慢。

傲慢，和貪婪很像，有時在書名中很顯眼，在正文中卻不存在。威廉．D．科漢對貝爾斯登（Bear Stearns）公司的描述頗受好評，書名為《紙牌屋：華爾街狂妄和悲慘過度的故事》（*House of Cards: A Tale of Hubris and Wretched Excess on Wall Street*，暫譯），但狂妄一詞只在標題和引文中出現一次。作者本人在近五百頁的內文中，從未使用過這個詞。如果金融崩潰是由於過度的傲慢和腐敗，我們大概只能自己猜測其中原因了。

傲慢也出現在英國石油公司油井洩漏的報導中。一些觀察者看到了現代版《白鯨記》，對油（鯨油）的追求，以及亞哈（Ahab）船長對莫比・迪克（Moby Dick）的自毀式捕獵。蘭迪・甘迺迪（Randy Kennedy）在《紐約時報》上寫道：「鑽油平臺爆炸後的幾週內，那場災難的狀況，與梅爾維爾（Melville）一個半世紀前想像的原始現代主義災難，兩者相似之處實在令人震驚。這次漏油事件每天都在提醒人們，即使是現在，人類利用自然滿足自身需求的能力有其限制，這對我們來說是痛苦的啟示……現在，在距路易斯安那州海岸五十英里的地方，那些傲慢、破壞，和永無休止的追求，一如既往地引人注目。」

或許是這樣，但在鑽油平臺爆炸前幾週，傲慢從未被提及。媒體的報導都在強調用日益複雜的開採技術，可觸及愈來愈遙遠的石油資源，以及他們有能力安全有效地做到這一點。4D影像技術和定向鑽井技術的進步，不僅令人非常欽佩，而且值得稱讚——只要它們成功的話。當然，當災難來襲時，證據一下全指向原始現代主義的傲慢。

貪婪和傲慢是很有吸引力的解釋，部分是因為它們傳達出一種道德判斷。當我們說某些人表現出貪婪或傲慢時，也暗示了他們是因罪惡而促成失敗，他們是罪有應得。

然而，到目前為止，我們已經看出兩個問題。首先，如果貪婪和傲慢是確實的罪證，不能只在發生事情之後才推斷出來。我們應該要在看到徵兆時，就知道它們存在，而根據我們看到的幾個例子，這部分都有問題。再者，當我們把失敗歸咎於貪婪和傲慢之罪時，都覺得自己不會遭遇這樣的不幸。畢竟，我們認為貪婪和傲慢都是別人的寫照，不是我們自己。貝爾斯登的崩潰真的是由於過度的貪婪、狂妄和卑鄙行為嗎？雷曼兄弟的失敗真的是因為貪婪嗎？如果是這樣的話，我們就可以放心了，因為我們認為詞彙並不適用於我們，而這個，是更嚴重的錯覺。

chapter 12

成功沒有公式，但有方法？

對於一個作家來說，文字只是工具……
每當我坐下來寫作時，我的首要想法就是——
吸引像你這樣的人的注意，讓你思考。

——亨特．S．湯普森（Hunter S. Thompson）寫給嘉莉．內夫茨格（Carrie Neftzger）的信
《美國的恐懼與憎恨：一名被剝奪法律保護的記者之殘酷冒險》
（*Fear and Loathing in America: The Brutal Odyssey of an Outlaw Journalist*）一九六八至一九七六年。

再過幾年，我們又可以帶來一些最新的故事。在前幾章中描述的公司和角色後來怎麼樣了？他們的光環變得暗淡無光還是依然閃耀？

當我們最後一次在第十章提到安迪．葛洛夫時，他正在敦促英特爾公司繼續冒險。在半

導體這類競爭激烈的產業中，技術變化極為迅速，只有願意承擔風險的公司才有機會活到明天。當然，偏執狂並非總能成功，但正如葛洛夫的書名《唯偏執狂得以倖存》（*Only the Paranoid Survive*，暫譯），任何生存下來的公司都會顯現出類似偏執的東西。那是二〇〇六年的情況，二〇一三年更是如此。

當時由於平板電腦、智慧型手機，和雲端計算的日益普及，英特爾在個人電腦微處理器領域的地位面臨巨大壓力。首席執行長保羅・歐德寧宣布，他將比公司退休年齡早三年退休，理由是需要新的領導層。英特爾董事長安迪・布萊恩特（Andy Bryant）告訴員工們，要為重大變革做好準備。他提醒他們，**過去的成功並不能保證未來的利潤**，客戶已經改變了，英特爾也必須重塑自己。

在商業中，公司業績最好被理解為一種相對概念，而策略則是必須在不確定的情況下做出選擇。正如葛洛夫所知道的，自滿是更加嚴重的錯誤。以往被證明非常成功的邏輯，現在仍然適用。

一些對英特爾構成挑戰的力量，也在侵蝕羅技的成功。隨著行動設備的崛起，競爭格局正在逐步遠離個人電腦，使得羅技的道路變得崎嶇不平。有段時間，它持續快速增長，銷售額從二〇〇二年的十一億美元，到二〇〇八年的二三・七億美元，利潤也穩步增長。然而在那之後，經濟增長趨緩。二〇一〇年，受到經濟衰退的影響，加上消費者轉向平板電腦、智慧型手機，和其他不需要滑鼠或週邊設備的設備，蘋果的營收出現了下滑。在接下來的幾年中，羅技的股價暴跌，從二〇〇七年底的三十六美元，跌至二〇〇九年初的不到十美元。二〇一〇年底，股價回升至二十美元，但隨後再度下跌，二〇一三年一度跌到六．二四美元的低點，之後又在年底反彈。

由於一些傳統產品慢慢不受青睞，羅技開始尋找新產品。二〇一三年初，它們宣布致力於行動商品和線上遊戲。格瑞諾．迪盧卡在一九九八至二〇〇八年間，擔任羅技的總裁和首席執行官後，目前擔任董事會主席，幫助羅技指出新方向，比如為 iPad 設計鍵盤，設計新一代網路攝影鏡頭。羅技還發布了智慧型家電產品 Harmony Ultimate Hub，可以將 iPhone 或安卓智慧型手機變成通用的遙控器。這是產品線的重大變化，減少了對傳統個人電腦的依賴，並在轉向平板電腦和智慧型手機的過程中，獲得新的成功。

即便如此，通用遙控器仍然是許多新創公司和其他競爭對手的目標。根據資訊科技新聞網站 Tech Crunch 的馬特．伯恩斯（Matt Burns）報導：「對羅技 Harmony 部門來說，情況不會變得比較輕鬆。隨著愈來愈多智慧型手機製造商，在其設備中加入紅外線埠（IR port），競爭將變得更加激烈。但如果 Harmony Ultimate Hub 確實有其開發價值的話，羅技的工程師和產品經理很清楚他們在做什麼。」到二〇一四年初，這些措施開始奏效，股價再次上揚。

英特爾和羅技的命運轉變不僅可以理解，而且考慮到這個產業的動盪本質，轉變可說是不可避免的。即使是最聰明的管理者，在這片水域中航行也不會一帆風順。必然需要調整和適應，透過承擔風險來應對新的挑戰，然後堅持有紀律的執行，才能做到最好。兩家公司都沒有始終一帆風順，但它們都堅持下來，甚至重返繁榮。

在第十章中，羅伯特．魯賓的故事就是一個明智判斷的典範，提出了不同的問題。魯賓在柯林頓政府時期離開財政部後，成為了花旗集團（Citigroup）執行委員會主席，由桑迪．威爾（Sandy Weill）聘請，年薪超過一千五百萬美元。在那個位置上，他開始寫回憶錄《在不確定的世界裡》（*In an Uncertain World*，暫譯），這本書傳達了他對這個世界各種可能性的理解。在高盛工作期間，魯賓那冷靜的性格發揮了絕佳作用，這種性格在政府工作中也很有用。

一九九〇年代末期，魯賓在財政部任職期間，是多位支持放鬆衍生性金融商品交易管制者之一。其他人則表達了嚴重的擔憂，巴菲特有先見之明地警告，這類金融商品存在著「極其龐大的風險」。正如這位「奧馬哈的先知」所言：「衍生性商品是有大規模殺傷性金融武器，它所攜帶的危險雖然現在還潛伏著，但可能是致命的。」事實證明，巴菲特是有先見之明的。二〇〇八年金融危機爆發後，魯賓從花旗集團辭職。任職期間，他為集團籌措到一．二六億美元，現在，花旗集團卻因虧損而搖搖欲墜。

二〇一〇年四月，當魯賓在華盛頓金融危機調查委員會作證時，他解釋：他在花旗擔任主席的委員會很少開會，「在該機構的決策過程中，沒有發揮實質性的作用」。該委員會主席、前加州財政部長菲爾・安吉利德斯（Phil Angelides）針對這一點對提出質疑。如果不是魯賓該負責此事，卻嚴重誤解了其中的風險，那就是他在至關重要的時刻缺席。安吉利德斯說：「我不知道你能不能兩者兼得，你不是拉了控制桿，就是對著開關睡著了。」包括前聯邦準備理事會主席艾倫・葛林斯潘（Alan Greenspan）在內的其他人，公開表示對導致金融災難的錯誤感到遺憾，而魯賓則沒有公開發表評論。對金融記者威廉・D・科漢來說，魯賓是「那個不在場的人」，在最重要的時刻，沒有出現在行動中。

對那些欣賞魯賓的人（包括我）來說，他在金融危機中扮演的角色很令人不安。當然，根據結果來看，很容易做出回顧性的歸咎。我們很可能會說，魯賓的直覺失效了，或許是由於他的傲慢。在一些人看來，高盛這個金融危機的中心，就是貪婪的化身。所以提到這位前高盛高階主管時，還有什麼比說他傲慢更合乎邏輯的呢？這是一個令人滿意的故事，但它太簡單了。這樣的解釋，與我在整本書中試圖揭露的錯覺和簡化想法，有些許相似之處。這也是一個危險的解釋，因為它會帶來一種錯誤的安全感。我們相信自己不會犯同樣的錯誤而感到安心，因為我們畢竟不認為自己有狂妄自大的問題。

簡約通常是比陰謀更好的解釋。在這例子中，最簡單的解釋是什麼？

在魯賓的職業生涯中，他正確的次數比錯誤的次數多很多。在不確定的情況下做出決策的能力，贏得許多交易，只有少數損失，這對於風險套利來說是很合理的，就像第十章描述的BD醫療交易，甚至一九九五年對披索的干預也是如此。但當這個決策可能危及整個金融體系時，就需要一個不同的標準。不僅要考慮出錯的可能性，還要考慮潛在的後果。

在史丹利．庫柏力克（Stanley Kubrick）一九六四年的經典影片《奇愛博士》（*Dr. Strangelove*）中，叛變的空軍上將派出B-52轟炸機中隊攻擊蘇聯。美國總統要求參謀長聯席會議的一名成員作出解釋：「當你制定人的可靠性測試時，你向我保證過，這種事情永遠不可能發生。」喬治．坎貝爾．史考特（George C. Scott）回答的語氣沒有一絲諷刺，堪稱黑色幽默的傑作：「因為一次小小的失誤就譴責整個計畫，我認為這是不公平的，長官。」

當然，這是胡說八道。當一個錯誤可能是致命的，就絕對要避免，哪怕只有一次小小失誤。風險管理的常規規則：「確保從長期來看，收益大於損失」，就不適用於此，這是兩個完全不同的領域。未能認識到金融災難的可能性並加以防範，是對傳統思維的一種控訴，同時清楚地提醒人們，了解風險後果的必要性。

指責魯賓和他在金融危機中扮演的角色，是無可厚非的，但如果我們妖魔化他或其他任何一個人，那就忽略了最重要的教訓。重點不在於人們是否自大、貪婪、傲慢，或帶有一些我們覺得自己沒有的道德缺陷。事情發生之後才這樣歸因當然很容易，但卻讓我們無法更深入地審視自己，以及自己犯錯的可能性。最重要的教訓是，即使是那些擁有長期成功紀錄和謹慎判斷特質的人，也會放鬆警惕。當後果可能是場大災難，即使只有一個錯誤，也多到讓人承擔不起。我們需要確保，如果事情出了差錯（而事情總會出錯），造成的損害必須有其限度。

金色光環、美味可口的蘋果

事後發現光環是一回事，但我們能在此時此地就看到光環嗎？事實上，經常可以。

在光環效應的影響下最光芒四射的，應該沒有哪間公司比得上蘋果。多年來，《財星》雜誌評選的「全球最受讚賞公司」前幾名，一直被奇異、沃爾瑪，和戴爾等公司占據，根本不見蘋果的蹤影。

然而，隨著 iPod 和 iPhone 的成功，一切都改變了。到二〇〇六年，蘋果在《財星》全球最受讚賞公司排行榜上升至第十一位。隔年，由於業績更加出色，往上躍升四位，名列第七。歷久不衰的明星奇異再次排名第一，星巴克和豐田緊隨其後，當時它們在品質和製造方面的卓越聲譽還沒有受到影響。蘋果股價稍低一些，但正在快速上漲。

二〇〇八年，蘋果超越其他公司，登上了榜首。正如《財星》雜誌所言：「iPod 和

iPhone的發明者，在創新和大眾吸引力方面，樹立了一個令人眼花繚亂的新標準，驅動力來自偏執的執行長，希望自己的產品在各方面都堪稱完美。」《財星》繼續讚揚蘋果公司及其執行長：

> 十年前還被認為正朝著煤渣堆走去的蘋果公司，如今能在這份榜單上拔得頭籌，都要歸功其執行長。史蒂夫．賈伯斯（Steve Jobs）總能從矽和軟體中編織出神奇的東西。但誰會想到，他能憑藉一台可攜式點唱機和一台股價僅有個位數的電腦，打造出一家銷售額達二百四十億美元的公司呢？當他在利用iPod的成功時，想法非常簡單：蘋果的產品不錯，而如果你買了一個以上的產品，它們加起來效果更好。

蘋果不僅在整體上排名第一，在創新、產品品質和人員管理上，也是業界第一。在其他方面，它的排名仍稍低，在長期投資、合理使用企業資產、管理品質方面排名第三，在社會責任方面排名第五。

由於銷售和利潤持續飆升，蘋果在二〇〇九年保住了榜首位置。電腦相關產業在經濟衰退中苦苦掙扎，但蘋果仍突飛猛進。這一次，它在九個屬性中都被評為電腦公司的第一或第二名。蘋果不僅因其產品和員工而受到讚賞，作為一項投資標的之價值也受到讚賞。甚至連社會責任，以往從未被認為是蘋果公司優先考量的事情，現在也得到很高的評價。這就是光環效應的本質——在光環效應中，整體觀感會影響到對其他部分的判斷。

從那時開始，故事變得更加精彩。二〇一〇年，當 iPad 發布並獲得驚人的成功時，蘋果公司持續保持著榜首。《財星》讚揚道：「史蒂夫·賈伯斯又做到了：蘋果連續三年蟬聯最受尊敬的桂冠。」不僅如此，蘋果還以有史以來最高的差距獲勝：「是什麼讓蘋果如此令人欽佩？」產品、產品、產品。這家公司改變了我們做所有事情的方式，從購買音樂到把產品設計得與周圍的世界有互動。它在創新和強烈消費者忠誠度方面的紀錄，為它贏得了企業界最為尊榮的冠軍地位。

接下來，二〇一一年，蘋果公司連續第四年達成這一目標。該年一月，當賈伯斯第二次宣布因病休假時，蘋果的股價曾短暫波動，但除此之外，該公司繼續營運，沒有任何失誤。利潤是前一年的雙倍，iPad2 顯示出產品線已滿載。「全球最受讚賞公司」的頭銜沒有什麼嚴峻的挑戰，甚至沒人能接近這個成就。

二〇一一年八月，賈伯斯的健康狀況惡化，他宣布從公司辭職，再也沒有藉口說這只是短暫的離開。不過，如果觀察人士預計該公司的股價會大幅下跌，倒也不必過度擔心。賈伯斯早已將自己的特質與蘋果公司融合在一起，以至於到了二〇一一年，無論這位有遠見的創始人是否在場，整個公司仍舊蒙著一層光環。當賈伯斯於二〇一一年十月去世時，投資者和消費者並不氣餒。他們一直關注著蘋果的收入和利潤，而這些都依然異常強勁。

二〇一二年，在提姆・庫克（Tim Cook）的領導下，蘋果連續第五年被評為全球最受讚賞的公司，創下了紀錄。它的後面是其他科技巨頭，Google和亞馬遜，它們因自身的實力而備受推崇，但無法與蘋果相提並論。事實上，這是蘋果首次在全部九個屬性中都取得絕對優勢。它不僅整體排名第一，而且在每一個類別中都是業內第一。從產品到人，再到作為一項投資的價值，甚至是社會責任，蘋果在所有方面都被認為是最好的。蘋果的聲譽如此之好，以至於它延伸到每一個類別中。

蘋果在二〇一三年連續第六年蟬聯第一，並再次在九個屬性中名列榜首。然而，表面之下已經開始出現裂痕。儘管《財星》稱讚蘋果公司長期以來高居榜首的成就，但它也意識到，蘋果公司的聲譽可能超過了潛在的現實。隨著競爭對手開始縮小產品差距，投資者也變得不那麼樂觀，蘋果的股價較二〇一二年九月下跌了三五％，當時處於牛市。《財星》雜誌評論道：

> 蘋果連續第六年榮登《財星》的年度調查榜首，這項調查是請公司高階主管選出他們最讚賞的公司。對某些人來說，這個消息會讓他們大吃一驚。最近的新聞頭條經常預示著蘋果的滅亡，將這家電腦和行動裝置製造商與令人畏懼的微軟相比，並猜測蘋果是

否已經失去了它的冷靜。

蘋果產品雖然銷售強勁，但市場份額卻被競爭對手搶走了，而且有一些產品可謂毫無用處，像是蘋果平庸的地圖服務。最糟糕的是，蘋果給人的感覺是，失去了二〇一一年底去世的傳奇領袖賈伯斯，蘋果就像在漂泊，只留下了一個鮮為人知的管理團隊。

這一切都不足為奇。簡單地說，競爭的本質——「表現終究是相對的，而不是絕對的」，這意味著**沒有人能永遠領先**，至少在一個技術快速變化的產業中是如此。三星（Samsung）和華為（Huawei）現在都是手機領域的有力競爭者。微軟發布了一款擁有全新外觀和感覺的平板電腦，似乎是借鑑了蘋果乾淨的設計，而不是試圖再次修改 Windows 系統而已。

然而，人們的認知持續了下來，甚至超出看起來合理的程度。出色的表現會提升對公司的整體觀感，而一旦表現開始出現問題，整體觀感通常也會隨之下降。當蘋果的強勁增長趨緩（這終究是不可避免的），可能不只有少數幾個類別隨之下滑，而是很多。光環帶來的，也跟著光環而消逝。

《財星》指出，全球最受讚賞公司的調查是「關於企業聲譽的權威報告卡」。在這個排名方面所做的努力，似乎令人相當佩服。合益集團（Hay Group）調查了一萬五千名高階主管，讓他們針對九個不同的屬性進行評估。然而，《財星》並沒有要求他們以客觀的方式衡量這些屬性，它知道這個評量只根據觀感。如同合益集團告訴受調者的：「調查中只提供上面列出的屬性名稱。我們的意思是，『此評分可能根據你對這些公司的第一手知識，或基於你觀察到或聽到的任何相關資訊。』因此，對特定行業屬性含義的解釋，是完全留給受調者自行詮釋的。」

這種方法會導致兩個問題。

首先，儘管表面上看來是嚴謹的研究，數千名高階主管針對九個獨立的屬性做出回答，然後將這些回答合併起來，形成一個總體排名，然而其中存在嚴重的光環效應。受調者確實拿到了九個問題，但他們不太可能對同一間公司有九種不同看法。比較可能的狀況是，把一或兩個一般印象表達了九次。

此外，最重要的意見可能是基於整體財務業績。看看任何一家收入健康、利潤強勁的公司，我都很可能推斷它有良好的管理、高品質的產品等。總之，光環愈亮，我們就愈有可能看到所有屬性一起移動。而這正是蘋果的狀況，它出色的財務業績，幫助它成為世界上最受讚賞的公司。

回想一下，蘋果在社會責任方面的得分一開始落後於其他屬性，但隨後慢慢攀升，最終這一屬性的排名就跟其他一樣名列前茅。蘋果對富士康這種製造業的工作環境，真的有變得更感興趣嗎？富士康的血汗勞工和自殺事件屢屢成為頭條新聞，蘋果有想辦法把一些就業機會帶回美國嗎？完全沒有。它在社會責任方面的高排名，單純來自於它的強大光環。

對大多數人來說，一間表現出色的公司，在其他各方面必然也很出色。如果有相反的想法，像是它可能在某些方面很突出，但在其他方面仍然很糟，是一種令人不舒服的想法，這是一種認知方面的不協調。其次，也是更有問題的一點是，對於企業可以做什麼來提高它們在排行榜上的名次，這項研究給出了錯誤的看法。二〇一三年的《財星》總結過去十五年的調查結果。以下是一些重點：

- 九〇％的全球最受讚賞公司能夠成功將不同的業務部門／子公司，圍繞著一個共同的策略願景進行整合，而其他同業能做到的比例僅有七八％。
- 與七七％的同業相比，九四％的全球最受讚賞公司鼓勵其經理人和員工冒合理的風險來提高效率。
- 在全球最受讚賞公司中，七九％的經理人了解自己在策略實施中的角色和職責，而其他同業只有五八％。
- 六一％的全球最受讚賞公司運用有規畫的職業任務，來培養高潛力的未來領導者，而同業中只有三五％這麼做。

◆八二%的全球最受讚賞公司會經常在與員工的交流中強調獎勵理念，而同業中只有六四%會這麼做。
◆九四%的全球最受讚賞公司認為，他們努力與員工互動，降低了員工流動率，而其他同業只有六七%。

我們由此得出這樣的結論：希望躋身最受讚賞公司之列的企業，應該讓其各部門圍繞一個共同的策略願景團結努力，鼓勵合理的冒險行為，確保經理人理解他們的角色和責任等。既然那些全球最受讚賞的公司都在做這些事，那麼可以合理推斷，在這些方面有所改進的公司，就很有可能進入該年八月的榜單。

問題是，如果對這些屬性沒有獨立衡量，也不限定於某個時間點蒐集的資料，那麼我們無法確定是否為這些屬性推動了整體的受讚賞程度，還是這因果關係的方向正好相反，是成功的公司總體受到讚賞，才被認為在這些屬性中都表現得很好。

組織單位的良好結合，以及對角色和職責的清晰理解，真的能帶來更好的績效表現嗎？這看起來似乎很合理，但沒有確鑿的證據。還是事實恰恰相反，高績效會讓我們欽佩那些公司，所以才認為該組織的目標一致、能夠清晰傳達角色和責任？事實上，後者才是比較合理的解釋。

但並不是一切都完了，最終我們仍可以回到第十章的教訓。或許沒有公式可以保證高績效，但有兩種方法可以提高成功的機會：**明智的選擇策略和嚴格的執行，不只是從績效中推斷，而是要從績效本身來衡量**。做到這些事情，就能增加成功的機會。

回到積木，看見真理

為了讓整本書更完整，讓我們回到書開頭的例子。我們在第一章中見到樂高這個丹麥玩具製造商時，它的表現急劇下滑。銷售額從二〇〇二年的一百一十四億丹麥克朗，下降到二〇〇三年的八十四億丹麥克朗，下跌了二六%，二〇〇四年又下跌二〇%，至七十九億丹麥克朗。原因呢？我們被告知樂高偏離了它的核心，它忘記了自己變得偉大的原因。顧問和產業專家提供了各種改進建議，全都旨在恢復樂高令人叫好的因素。

這聽起來是一個精彩的故事，但仔細審視的話，它並不完全正確。事實上，樂高從未放棄過自己的核心，它一直保留著讓它大獲成功的東西——讓孩子們著迷的美妙小玩具，現在包括電子產品，以及與《星際大戰》和《哈利波特》等流行電影合作的商品。

樂高最大的問題其實單純多了：它的成本結構過於龐大，使得它無法以符合成本效益的方式為客戶提供服務，而這種子老早就已種下。多年來的繁榮發展，樂高逐漸擴張，在世界各地設立了製造廠商，這一切都是為了更接近客戶。結果，到二〇〇三年，小工廠成了大雜燴，卻又沒有一家大到足以達到世界級的效率標準。樂高積木變得愈來愈複雜，確切地說，是為了滿足顧客想要的東西，樂高已經有一萬二千五百個ＳＫＵ（庫存單位，或說不同的形狀），一百多種顏色，要仰賴令人驚愕的一萬一千家供應商。

由於生產如此分散，光是歐洲就需要四個地區配送中心——兩個在法國，一個在德國，一個在丹麥，這些配送中心出貨給一萬四千多個獨立的批發商和零售商。在歐洲，樂高依靠十一家物流公司來管理產品流動，並與六十間不同的運輸公司合作，將產品從一個地方移送到另一個地方。孩子們仍然喜歡樂高的產品，但該公司的供應鏈已經過時。產品仍保持著高品質，但生產和運輸已不敷使用，加上樂高無法及時應對需求的季節性波動。整個過程太過複雜，使得樂高工廠只發揮出七〇%的產能。該公司的座右銘「只有最好的才夠好」，導致對品質的注重，卻也帶來不可預見和不幸的副作用：嚴重缺乏效率。

二〇〇四年開始，在新總裁兼執行長約根·維格·納斯托普（Jørgen Vig Knudstorp）的帶領下，樂高發起一項行動計畫，要進行大規模的完整轉變。沒有人要求重新考慮樂高的核心。其中最重要的行動被稱為「大幅降低成本和提高效率的措施」。首先，樂高做出一個痛苦的決定，將生產外包或搬遷。它關閉許多工廠，並在東歐和墨西哥設立新工廠。在樂高的家鄉丹麥比隆（Billund），九百多人失去了工作。捷克共和國的一家大型工廠被外包給偉創力（Flextronics）。在配銷和物流方面，樂高也進行全面改革。多個配送中心整合到捷克共和國的一個網站，這裡的營運則統一交給全球物流公司ＤＨＬ。

由於這些有力的措施，業績迅速改善，利潤很快恢復。到了二〇〇六年，樂高已經達到一三．五%的營業利潤率目標。到二〇〇九年，銷售額達到一百一十五億克朗，利潤達到二十八億克朗，比二〇〇八年增長了近四〇%。在高效率供應鏈的支援下，產品不斷創新，樂高如今欣欣向榮。在二〇一〇年的年度報告中，該公司以丹麥人輕描淡寫的風格指出：「結果可謂非常令人滿意。」第二年的業績更令人印象深刻，銷售額達到一百六十億克朗，利潤達到三十七億克朗，再創新高。隨著銷量飆升，在捷克共和國和墨西哥的兩家主要工廠產能也增加了。從一家傳統的丹麥公司，轉變為世界一流的全球企業，這項任務已經完成。

樂高的轉型很大一部分原因在於，營運效率的提高和卓越的執行能力。當然，如果我們不小心的話，可能就會認為任何銷售和利潤強勁的公司，都必定是很有效率的。但我們可以得出結論，它必須執行良好，也必須以客戶為中心。如果隨便拿一家擁有超高收入和利潤的公司，就說他們的產品設計師成功地恢復了「令人叫好的因素」，這是一種過於簡單化的思維方式，也就是直接看結果，然後才做出因果推論。事實上，樂高在營運上的卓越，不僅可以從結果中推斷出來，更可以透過產品品質、生產時間、訂單達交率、單位成本等指標，客觀地衡量出來。

如今，樂高已經和本書一開始描述的公司大不相同了。一般人會說是因為樂高擁有更好的領導人，但這只是把問題向後推了一步。新任執行長和他的高階執行團隊們做的事情，才是真正起作用的原因。同樣地，有些人說樂高變得更加以客戶為中心，但仔細觀察就會發現，樂高一直都是以客戶為中心，差異之處在於，公司內部對營運效率的關注有所提高。我們可能還會聲稱樂高的企業文化改善了，而且很可能內部意見調查顯示出樂高的士氣更高了，但這比較可能是表現改善的結果，而不是原因。我們完全可以預測，比起二〇〇四年，此時的員工更快樂也更有責任感。當然，在其他條件相同的情況下，高績效公司的員工本來就會更滿意。

是什麼真正推動了公司的業績？就是基本原理。**策略就是做出明智的選擇，而執行是堅持不懈的實施**。樂高就是這麼做的。

你大可以把所有光環都賜予他們，就像大師、記者和自詡專家的人們，總是在做的那樣，但事實往往更單純。我們的任務，就是更清楚地看到這個真理。

國家圖書館出版品預行編目資料

商業造神：光環效應如何打造超完美企業神話？破解九大假象，有效思考績效、策略及轉型真相／菲爾．羅森維格（Phil Rosenzweig）著；徐紹敏、吳宜蓁譯.
-- 初版. -- 臺北市：城邦商業周刊，2021.01
272面；14.8×21 公分.
譯自：The Halo Effect: ...and the Eight Other Business Delusions That Deceive Managers
ISBN 978-986-5519-26-1（平裝）
1.商業管理　2.企業經營　3.職場成功法

494　　　　109018417

商業造神

光環效應如何打造超完美企業神話？破解九大假象，有效思考績效、策略及轉型真相

The Halo Effect: ...and the Eight Other Business Delusions That Deceive Managers

作者	菲爾．羅森維格 Phil Rosenzweig
譯者	徐紹敏、吳宜蓁
商周集團榮譽發行人	金惟純
商周集團執行長	郭奕伶
視覺顧問	陳栩椿
商業周刊出版部	
總編輯	余幸娟
責任編輯	呂美雲
封面設計	萬勝安
內頁排版	邱介惠
出版發行	城邦文化事業股份有限公司-商業周刊
地址	104台北市中山區民生東路二段141號4樓
傳真服務	（02）2503-6989
劃撥帳號	50003033
戶名	英屬蓋曼群島商家庭傳媒股份有限公司城邦分公司
網站	www.businessweekly.com.tw
香港發行所	城邦（香港）出版集團有限公司 香港灣仔駱克道193號東超商業中心1樓 電話：(852)25086231　傳真：(852)25789337 E-mail：hkcite@biznetvigator.com
製版印刷	鴻柏印刷事業股份有限公司
總經銷	聯合發行股份有限公司　電話：(02) 2917-8022
初版 1 刷	2021年01月
初版 3 刷	2021年02月
定價	380元
ISBN	978-986-5519-26-1（平裝）

金商道

The positive thinker sees the invisible, feels the intangible, and achieves the impossible.

惟正向思考者，能察於未見，感於無形，達於人所不能。 —— 佚名